郭永德◎著

# 基于多源数据驱动的商住建筑碳排放关联预测与优化研究

華中科技大學出版社
http://press.hust.edu.cn
中国·武汉

**图书在版编目(CIP)数据**

基于多源数据驱动的商住建筑碳排放关联预测与优化研究/郭永德著. —武汉：华中科技大学出版社，2023.7

ISBN 978-7-5680-9277-7

Ⅰ. ①基… Ⅱ. ①郭… Ⅲ. ①商业建筑-二氧化碳-排气-研究-中国 Ⅳ. ①X511 ②F426.9

中国国家版本馆 CIP 数据核字(2023)第 132819 号

**基于多源数据驱动的商住建筑碳排放关联预测与优化研究**

Jiyu Duoyuan Shuju Qudong de Shangzhu Jianzhu Tanpaifang Guanlian Yuce yu Youhua Yanjiu

郭永德 著

策划编辑：汪 粲

责任编辑：刘艳花 李 昊

封面设计：廖亚萍

责任校对：刘小雨

责任监印：周治超

出版发行：华中科技大学出版社(中国·武汉) 电话：(027)81321913

武汉市东湖新技术开发区华工科技园 邮编：430223

录 排：武汉市洪山区佳年华文印部

印 刷：武汉科源印刷设计有限公司

开 本：710mm×1000mm 1/16

印 张：8

字 数：158 千字

版 次：2023 年 7 月第 1 版第 1 次印刷

定 价：68.00 元

# 前　言

在全球气候变化和环境污染问题日益严峻的背景下，碳排放成为全球共同面临的挑战。其中，商住建筑作为能源消耗的重要领域，其碳排放问题直接影响着城市的可持续发展。因此，研究商住建筑碳排放的影响因素、预测方法和优化策略，对于实现低碳城市建设具有重要意义。

本书从我国绿色低碳发展理念出发，研究不同层面的碳排放定量估计与减排策略，分别从数据处理、评估模型构建和减排策略分析三个方面，对目标区域的商住建筑碳排放进行关联特征分析研究。书中通过微观地分析地区的商住建筑碳排放特点，再到宏观层面的区域碳足迹分析，实现从点到面地综合分析区域碳排放情况，并提出相应的碳减排策略。

本书的目标读者包括研究人员、工程实践者以及政策制定者。我们希望通过本书的介绍和研究成果，能够为相关领域的专业人士提供科学的指导和启发，促进碳减排技术的应用与推广。

本书提出了基于多源数据驱动的商住建筑碳排放关联预测与优化的技术框架，主要通过采用多源数据驱动的方法，结合遥感卫星数据和商住建筑碳排放数据等多个维度的信息，建立了基于机器学习和数据挖掘技术的碳排放关联预测模型，具体展开了以下四个方面的研究工作。

（1）针对不同地区的商住建筑碳排放和遥感图像进行多源异构的数据管理，在第 2 章中，构建了一个基于多源碳排放的信息管理平台，主要功能包括多源数据汇集、处理分析和数据展示等。通过多源碳排放数据平台可以快速了解目标区域碳排放的时空数据，再结合数据驱动的算法来监测和评估碳排放程度，及时发现碳排放量异常波动。

（2）对于商住建筑的碳排放通用预测模型构建，在第 3 章中，利用物联网设备收集商住建筑的碳排放数据，并构建了一种基于深度学习的通用碳排放预测模型。它是基于自注意力机制的多维度时间序列预测算法，结合不同周期的碳排放趋势特征，提升了模型的性能与泛化能力。实验结果表明，所提出的模型除了有不错的预测结果，还可以在不同地区和气候环境下的观测点进行迁移预测，进一步验证了该模型的通用性。

（3）量化评估县级尺度的碳排放水平，在第 4 章中，提出了一种基于深度卷积神经网络的碳足迹估计方法，从多源遥感图像中分析县级碳排放相关信息特征，并量化计算县级尺度的碳足迹水平，然后将结果反演到空间网格上。通过实验证明，所提出的县级碳排放评估算法具有较高的精度和可靠性，可以有效地估计出我国县级行政区的碳排放量，为碳足迹估计提供一种新的可行途径。

（4）宏观分析碳足迹的空间差异分布，在第5章中，以我国各县级碳足迹的估算结果作为基础，提出了基于遥感图像的空间聚类方法，对遥感数据与碳排放进行关联分析，以揭示我国县级行政区碳排放的空间分布特征，分析碳排放与地形、气候等自然因素之间的关系，了解碳排放的形成机制。再根据分析结果，对不同程度的碳排放空间特征和对应地区的经济发展特点，结合前面商住建筑排放的结果分析，针对性地提出从宏观到微观的减排策略。

本书之所以能够顺利完成，要感谢所有对本书撰写工作给予支持和帮助的人士，也感谢各位同行的讨论和建议。同时，我也要感谢家人和朋友的理解与支持。

希望本书能够为读者带来新的思考和启发，为推动中国的低碳发展做出贡献。由于作者水平有限，书中难免存在不妥与疏漏之处，非常欢迎读者对本书提出宝贵的意见和建议，以便我们进一步完善和改进。作者电子邮件地址为 kouk23@hotmail.com。若需要全图书的配套资源，请见网址 https://book2.max-flow.net。

**作者**

**2023 年 7 月**

# 目　录

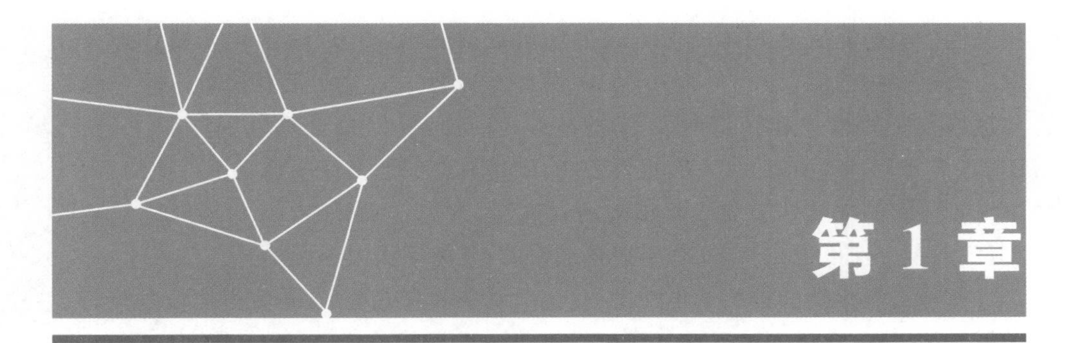

# 第1章 绪论

## 1.1 研究背景

### 1.1.1 全球气候变化与碳排放关系

全球气候变暖是目前最大的环境问题，这一观点已被大部分专家认可。温室气体是造成气候变暖的主要因素，其中最主要的成分是二氧化碳。因此，人们通常用碳排放来表示温室气体的排放量。联合国政府间气候变化专门委员会(Intergovernmental Panel on Climate Change，IPCC)的气候评估报告显示，大量的二氧化碳和其他温室气体排放主要源于化石能源的使用、工业生产以及交通运输等活动。由于二氧化碳可以吸收太阳热辐射，改变地球的温度平衡，进而导致全球气候变化愈发严重。

国内外大量的观测数据表明，自工业化以来，二氧化碳的浓度大幅度增加，其主要来源是化石燃料的使用、森林砍伐以及土地利用的碳净排放。根据美国国家海洋和大气管理局的报告，温室气体的排放量在2015年达到了历史新高[1]。近年来，二氧化碳的排放量持续惊人增长，每年可高达400亿吨，是1950年排放量的7倍。一些科学数据也证实，二氧化碳的浓度增加会导致地表温度上升，两者呈现正相关性。美国夏威夷 Mauna Loa 观测站的数据显示，自从 1957 年开始统计大气中二氧化碳的浓度以来，大气中的二氧化碳排放量一直处于上升趋势。这一趋势与世界人口的增加和经济的发展密切相关，同时也导致全球气温持续上升[2]。IPCC 于 2021 年发布的第六次报告表明，碳排放造成的全球变暖是不可逆的，大气中二氧化碳的浓度处于 200 万年来的最高点，北冰洋面积在 1000 年内达到最低点，气温上升速度也是自 2000 年以来最快的，使海平面大幅度提升。

由于二氧化碳的排放量不断增加，全球温室效应持续加剧，使得地球系统的生态平衡被打破，导致全球平均气温持续上升。世界气象组织（World Meteorological Organization，WMO）在 2020 年发布的报告指出，地表温度达到了 14.9 ℃，相较于 1850 年的地表温度增加了 1.2 ℃，海平面高度比 1993 年增加了 70 mm，严重干旱地区的数量也增加了很多[3]。南极洲的最高温度也达到了 20.75 ℃，在历史上首次超过 20 ℃，如果南极洲的温度持续升高，冰川将持续融化，甚至给一些临海城市带来巨大的灾难[4]。其他自然灾害，如 2019 年东非爆发的大规模蝗灾以及澳大利亚发生的严重干旱，对农业生产造成了极大的破坏，导致多个地区出现“气候难民”。

对于全球变暖导致气候系统整体发生变化，海平面、冻土层、极地冰盖和山地冰川都受到了很大的影响，而这个变化过程是不可逆的[5]。此外，国外的一些学者也论证了二氧化碳排放和全球气候变暖之间的关系，二氧化碳排放已成为导致全球变暖的主要成因，并成为学术界的共识[6-9]。

全球气候变暖是一项世界性的问题，不仅会对生态系统带来不利影响，还会威胁到人们的生存环境和可持续发展。因气候变暖造成海平面上升所引发的自然灾害频繁发生，包括火山爆发、山体滑坡、洪水和地震海啸等。因此，了解和干预碳排放和气候变化之间的关系是必要的，以最大限度地减少碳排放量，为人们的生存和社会的可持续发展提供有利条件。

### 1.1.2　中国碳排放发展现状与挑战

中国一直以来积极参与国际事务，是维护世界和平与发展的重要力量，也是气候治理的深度参与者。我国早在 20 世纪 90 年代就开始关注碳排放问题，随着改革开放和经济发展，碳排放量开始出现增长趋势。在 1995 年以后，为了更好地保护环境，国家关停了一些高能耗的中小企业，在一定程度上抑制了碳排放量[10]。

自十八大以来，中国积极践行新发展理念，坚持走绿色发展之路，推动气候治理和经济协调发展。2020 年 9 月 22 日，习近平主席在第 75 届联合国大会一般性辩论上承诺,中国将加大国家自主贡献力度,采取更有力的政策和措施,力争到2030 年之前达到二氧化碳排放峰值,并努力争取在 2060 年之前实现碳中和。在2020 年提出碳达峰与碳中和的愿景后,中央政府针对经济发展作出重大部署和决策,将“做好碳达峰、碳中和工作”列为 2021 年的重点工作任务[11][12],并出台了相关的碳排放达峰行动计划。国务院新闻办公室在 2021 年发布了《中国应对气候变化的政策与行动》白皮书,明确指出中国在应对气候变化的新理念下,牢固树立共同体意识,贯彻新发展理念,以人民为中心,逐步推进碳达峰、碳中和,减污降碳协同治理,将采取一系列措施,使全球气候治理取得显著成效。

中国在气候治理方面的主要投入包括以下五个方面。

(1) 调整能源结构,加速科技创新,发展低碳、清洁、高效的绿色新能源。

(2) 降低高碳产业的碳排放量,改造现有产业。

(3) 推进绿色建设行动,实行系统治理和源头治理。

(4) 推动新能源产业发展,如推广新能源汽车、发展风能和光伏发电产品。

(5) 加强顶层设计,增加绿色金融对低碳产业的投资。

2019 年底,中国提前超额完成 2020 年的气候行动目标,碳排放量下降明显。与 2005 年相比,碳排放量降低了 48.4%,而相对于 2015 年降低了 18.8%,累计减少二氧化碳排放约 58 亿吨。这基本上扭转了二氧化碳排放快速增长的趋势。但在碳中和的发展背景下,中国的碳排放核算体系还有待完善[13]。

由于中国的碳排放量仍居高不下,因此我国的节能减排问题成为全世界关注的焦点。而环境治理不是一蹴而就的,经济结构的转型升级也需要时间,使我国面临着经济发展和环境治理的双重压力。不过参与环境治理既是为了应对全球变暖等世界性问题,更是为了实现我国环境治理目标,为中国人民的生存和发展提供良好的环境条件。政府将碳排放强度作为约束指标纳入到国民经济长期发展规划战略中,并采取一系列减排措施,如积极筹备碳排放交易市场等。同时,深化南南合作的深度和广度,表明中国积极应对全球气候变化问题的决心,深度参与环境治理,致力于应对全球气候变化,显示出中国是可信任和有责任的大国。因此,研究我国碳排放问题不仅能够减轻气候变暖的不利影响,而且对中国实现可持续发展具有重要意义。

### 1.1.3 城市化对碳排放影响

城市是经济发展的核心,也是人口集中的地方,而城市的工业和商业发展为人们的生活提供了资源、能源和技术保障。20 世纪 90 年代是中国城市化的主要发展阶段，为了加快城市经济发展与促进就业等目标，我国实施了一系列政策，使大量农村劳动力向城市转移，城市化水平获得了飞速发展[14]。从改革开放初期，中国的城市化水平不足 20%；到 2010 年，城市化水平达到 50%以上；到 2021 年，城市化水平在 65%左右。此外，住建部 2020 年数据显示，中国 687 个城市的城市化水平为 63.89%，已经建成的城市面积超过 6 万平方公里[15]。城市化过程也是经济水平提升的过程，城市化持续增长的同时，居民收入也持续增长。

然而，城市化发展也带来了一个日益严重的问题——二氧化碳排放量的增加。可以说城镇化发展推动了经济发展，但也给环境带来了一些负面影响。过去，中国更加注重城市化发展水平，没有将环境治理问题置于突出位置。“高消耗、高排放和高污染”成为城市化发展的标签。城市化发展不可避免地导致居民数量的增多和生活用能的加剧，这也就造成能源的不断消耗。根据统计，2008 年的能耗要比 1999 年的上升了 22.55%，碳排放量则上升了 21.22%，呈现持续上升趋势[16]。

城市化带来了产业的聚集，对经济发展做出了很大贡献。然而，城市化带来的环境问题也备受专家学者关注。生产、交通和建筑等行业是高程度碳排放的行业，这些排放对生态环境和气候带来了很大影响，同时引发了一系列灾害。例如，2021 年的郑州特大暴雨就是气候变暖导致极端降水的具体表现，这给人们敲响了警钟。自 2012 年十八大以来，国家高度重视城市化的高质量发展，积极推进新型城镇化道路，改变了过去重扩张和重建设的传统发展道路，更加关注人们对美好生活的需求。在可以预见的未来，城市化都将是中国不可或缺的重要发展战略之一。

对于城市化发展与碳排放之间是否有相关性，学术界还存在一些争议。有些专家认为，城市发展增加了人口和产业集聚，从而增加了大量能源消耗。然而，另一部分专家则认为，城市是技术革新的主要地方，大部分节能减排和绿色技术都会在城市中优先出现。因此，需要客观分析城市化发展是否会导致碳排放量不断增加，还是在一定程度上抑制排放量。

关于城市化发展对碳排放的影响，很多学者进行了实证分析研究。例如，宋海云和白雪秋[17]以金砖国家为研究样本，认为城镇化是影响碳排放的主要原因。但文中指出，不同国家的发展差异使得城镇化与碳排放的关系未必呈现倒 U 形曲线的关系。Liddle[18]的研究认为一个地区的城市发展水平与温室气体排放之间的关系不能用简单的线性函数表示。王星[19]采用面板门槛回归模型，选取中国 30 个城市作为研究对象，实验结果表明城市化水平与温室气体存在一定相关性。王睿等人[20]探索中国县级城镇化对碳排放空间分布的影响，该研究结果指出城市化水平会对碳排放带来一定的影响，城市化水平越低，则城市化进程并不会对抑制碳排放起到相应的作用。当城市化水平达到一个门槛值并高于这个门槛时，城市化进程则会对抑制碳排放起到显著的促进作用，并呈现门槛特性。

由此可知，城市是碳排放的主要区域，也是抑制碳排放的主要力量。因此，需要客观看待城市化推进对碳排放的影响，根据城市特征制定减排目标和实施方案。减排问题已成为世界共识，建立低碳社会是未来的发展趋势和方向[21]。商住建筑作为碳排放来源之一，如何利用科学的技术手段来测算碳排放成为关键。同时，寻找减少碳排放的方法也是本书关注的重点。

## 1.2 研究意义和应用价值

从国家双碳政策实施的研究背景出发，本书的研究重点集中于不同层面的碳排放定量估计与提出减排策略，本研究将分别从碳排放的数据处理、预测模型和空间等方面进行分析。书中通过微观层面来分析地区的商住建筑碳排放特点，再到宏观层面对区域碳足迹研究，可以从点到面地综合分析区域碳排放情况，并给出相应的碳减排策略。本书具体的研究意义和应用价值如下。

**1. 探索中国城市化进程与碳排放的量化关系**

随着城市化进程的加速和经济发展的迅猛，人类活动范围也随之大量增加。揭示城市化与碳排放之间的关联性，有利于中国各级政府在推动双碳目标的过程中运用合理策略。基于本书估算的碳排放分布结果，再利用聚类算法划分出不同的碳排放分布区域。通过联合各地区城市化程度，对其二氧化碳排放进行溯源分析，可以衡量并反映人类经济发展活动与生态可持续性之间的关系。

**2. 推动碳排放信息化和大数据技术的应用**

加强碳排放数据的信息化建设和大数据技术的落实应用，对于双碳目标的实现具有重要作用。本研究通过物联网和遥感卫星收集到相关的碳排放数据，从而建立了多源碳排放数据库平台，并利用人工智能等算法对数据分析，归纳出碳排放特点，判断当前碳排放状况和预测未来碳排放的走势，推动碳排放的量化工作。另外，利用遥感与数据挖掘的技术对地区碳排放与产业结构进行关联分析，然后可以制定更具可持续性、包容性和韧性的减碳方案，并为决策者提供科学依据。

**3. 通用碳排放估算模型助力环保和经济发展**

对于本书的成果不仅可以支持环境保护领域的研究和政府部门的决策，同

时还能为相关碳排放领域的研究者提供技术支撑和参考依据。而本研究提出的碳排放预测模型、碳足迹估计算法和空间特征关联分析方法具有应用性和通用性,可以被广泛应用于多个领域,如交通、农业和工业等领域的碳排放量化研究。

## 1.3 国内外研究进展

由于全球变暖已成为世界各国政府共同关注的问题,有必要采取一系列干预措施加以应对。而碳排放作为全球气候变暖的重要因素,国内外学者从不同角度展开了相关研究。

### 1.3.1 碳排放评价标准与评估方法研究

碳排放的评价标准和评价方法大致可以分为两种:一种是自上而下的方法,该方法关注投入和产出关系;另一种则是自下而上的方法,该方法更关注碳排放的过程。自上而下的方法是从国家和区域层面进行碳排放的统计和分析;而后者的研究更为直接和具体,可以展开详细的评价工作。

**1. IPCC 清单方法**

IPCC 清单方法是一种常用的自上而下的核算方法。联合国气候变化组织于 1994 年发布了《国家温室气体清单指南》,并在 1996 年进行了修订。修订的指南详细描述了温室气体排放的核算方法和过程。该方法要计算各个部门的温室气体排放和清除,包括能源活动、工业生产过程、农业耕种、林业和其他土地利用、废物处理以及其他等。其中,核算所采集到的数据分为活动数据和排放数据两类。通过将活动数据和排放系数相乘即可得出某个活动或者建设项目的温室气体排放量[22]。Sutton[23]指出了 IPCC 在气候风险评估中的贡献。Girardello 等人[24]利用 IPCC 清单的植被量和全球土地覆盖图绘制了碳密度图。Kim 等人[25]应用 IPCC 框架分析了气候变化的影响。IPCC 的碳排放评估方法已得到世界各国的认可,并已在许多领域得到了应用,如能源、工业、畜牧业、种植业、土地利用、林业和废弃物处理等七个领域[26]。该模型是一种定量的评估方法,具有很强的宏观性,因此在各个领域中都有广泛的应用。但是,该模型应用于某个行业时缺乏具体性,尤其是对于建筑业,还没有建立与该行业相适应的评价模型[27]。

**2. 生命周期评价方法**

另一种自下而上的方法是生命周期评价法（Life Cycle Assessment，LCA）。该方法是基于过程的能耗定量评价方法，具体来说是评估每个阶段所产生的环境负荷，包括原料采集、材料生产、产品使用和产品末期处理。生命周期评价方法最早出现于1970年，由Leontief[28]提出的方法相对较为直观和简单，但评价过程较为详细，同时高度依赖数据的可靠性。因此，为保证能耗核算的精准度，需要通过多种渠道获取一手数据，并投入大量的时间和人力资金成本[29]。Popescu等人[30]应用LCA的温室气体排放估计方法对风力发电厂和河流水电进行了评估。Terlouw等人[31]还利用LCA对二氧化碳去除技术进行分析，得出了一系列批判性建议。

## 1.3.2 建筑碳排放相关研究

随着城市化进程加快，人们的生活和生产用能也随之增加。同时，城市发展出现了大量建筑物，导致建筑行业大量排放温室气体。因此，国内外学者对建筑行业的碳排放进行了越来越多的研究。在这些研究中，生命周期评估方法被广泛采用。建筑领域生命周期碳排放研究的关注点主要是碳排放评估范围的划分，以及对具体的建筑实例进行分析。

国外学者对建筑碳排放的研究历史较长。早在20世纪70年代，美国能源信息署（Energy Information Administration，EIA）就每四年对一部分商业建筑和居住建筑进行能源消耗统计。英国也在同一时期展开了对商业建筑和工业建筑能耗的统计分析。20世纪90年代，雅典大学对欧洲1200栋建筑的能耗情况进行了调研，建筑类型包括医院、学校和商业建筑等。Huo等人[32]从人口、经济和空间三个角度论证了城市化对二氧化碳的影响。

相比之下，国内学者在建筑碳排放核算方面进行了广泛的探索。杨秀等人[33]对不同的计算方法进行了比较分析，明确了当前中国建筑能耗的分类和范围。在江亿院士的带领下，清华大学建筑节能研究中心[34]开展了大量关于建筑能耗统计的研究工作，并形成了《中国建筑节能年度发展研究报告》。秦贝贝[35]利用数据拟合的方法分析估算了不同领域的能耗，如生活、工业和餐饮服务等。最近，王瑶[36]基于知识图谱对国内外土地利用进行了碳排放的研究。

**1. 碳排放计算方法研究**

根据国内外研究成果的归纳，具体可以划分成实测法、物料衡算法和排放系数法等常见的碳排放计算方法。

1）实测法

实测法是利用检测设备对气体流量、浓度和流速进行测量，再将排放气体流量和浓度相乘，最后乘上一个排放系数，即可求出碳排放量[37]。实测法要求样本具有代表性，而不是一些特例，对样本条件有较高的要求，所得出的数据较为精准。然而，由于这种方法对数据的要求比较高，其结果具有一定的局限性，主要受到环境和样本覆盖面的影响。在取样时，可能需要投入大量的人力和物力，这也导致这种方法难以推广。

2）物料衡算法

物料衡算法是建筑碳排放的一种计算方法，应用质量守恒定律将全生命周期中的物质能量输入和输出看作守恒。具体在建筑行业中，建筑材料从加工至建成直到投入使用的过程中，所有的含碳量可以理解为建筑产品的含碳量加上过程中损失的碳量之和，进而求得建筑的全生命周期中的碳排放情况。此方法使用系统分析方法，将整个生命周期视为一个整体系统。因此，它不仅可用于整个建筑过程中，还可应用于建筑中的某个环节或产品的某个部分。因此，物料衡算法在建筑碳排放估算方面具有广泛的应用。

3）排放系数法

排放系数法也是一种常用的碳排放计算方法，其通过分析单位产品平均排放碳量来计算总排放量。能源种类分析法和标煤计算法是排放系数法常用的两种分析手段。能源种类分析法需要先对能源进行分类，再计算各种能源类别的碳排放量。标煤计算法则是将建筑能耗按照标煤量进行折算，根据标煤的二氧化碳排放量来核算建筑能耗。两种分类方法各有优缺点。有学者认为能源种类分析法的结果更为准确，而标煤计算法的数据要大于前者。因此，建议采用能源种类分析法。值得注意的是能源分析法也存在一定局限性，受技术水平、生产情况和工艺流程等影响，所得结果可能存在差异[38][39]。

**2. 基于 LCA 的建筑碳排放评价体系研究**

LCA 的碳排放评价应用广泛，多个国家和地区都建立了相应的评价体系，并取得了丰硕的研究成果。一些发达国家已基于 LCA 框架制定了建筑物评价体系，如美国的 LEED(Leadership in Energy and Environmental Design)[40]以及英国的 BRE(Building Research Establishment)[41]。此外，有学者采用排放系数法的碳排放计算方法，探讨了建筑物运营的碳排放量，并使用建筑信息模型(Building Information Modeling，BIM)技术建立了数据库模型。这些模型包含了众多的建筑信息，可借助 BIM 技术实现可视化[42]。Zhang 等人[43]使用 LCA 评价分析了中国建筑行业的能源消耗与碳排放趋势，认为建筑规模、建筑结构和材料生产效率是其中最为重要的影响因素。

生命周期的碳排放评价方法常用于评估建筑环境影响，可为人们选择建筑材料和建筑设备提供一定的数据参考，从而选择低排放的建筑材料和设备[44]。根据LCA评价框架的几个步骤，在评估建筑项目碳排放时需要先确定评价范围和目的。在以往的研究中，确定生命周期范围时会舍弃一部分数据量，如Ochoa等人[45]对居民建筑的碳排放研究舍弃了建设过程的影响，评价范围仅涵盖了原材料的获取、生产和运输，对于整个碳排放的评估显然不够全面。此外，建筑的全生命周期包含五个阶段，分别是建材生产、建材运输、建造施工、运营使用和建筑拆除。这五个阶段都会排放出温室气体，其主要原因是能源使用和工业建设中的化学反应等。因此，在考虑各个阶段的排放源时，可以参考建筑全生命周期的范围[46]，如图1-1所示。

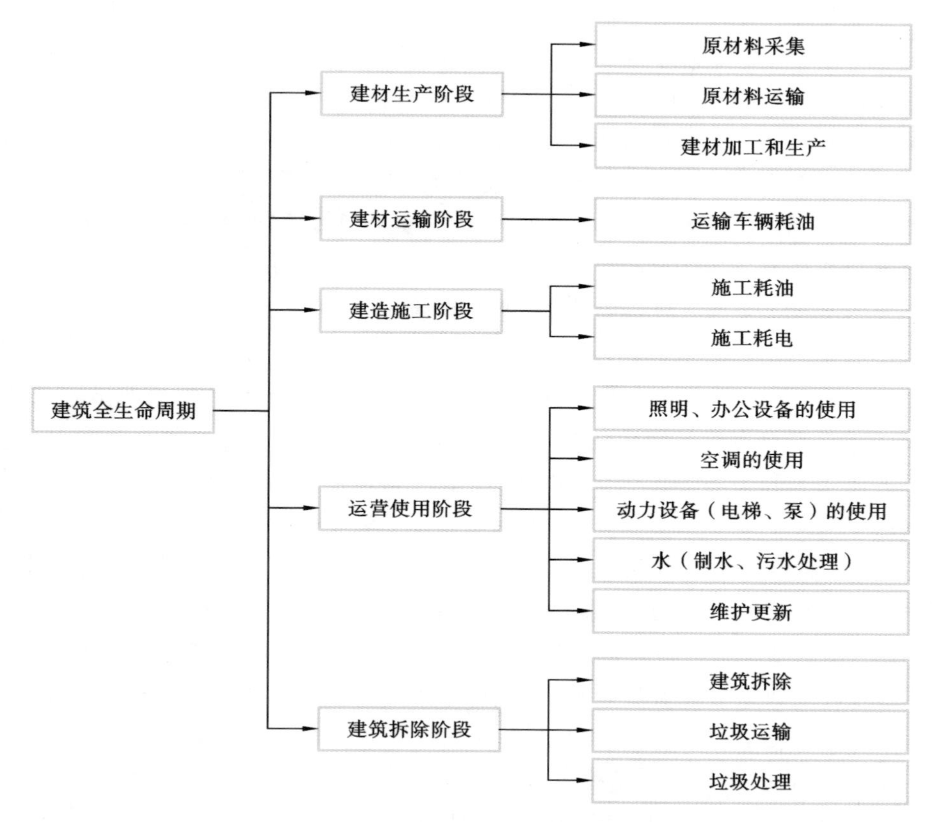


图 1-1　建筑全生命周期的范围

总体来看，目前国外关于建筑碳排放的评估方法和评估系统较为成熟和完善，而中国的建筑碳排放评价体系多数建立在国际碳排放标准和系统的基础之上。针对研究方法，国外的研究多是定量研究。由于国内的建筑碳排放数据收集存在困难，因此更多研究是基于借鉴或结合他人的研究基础进行的定性研究，这都限制了我国建筑碳排放评价方法的发展。随着计算机技术迅速发展，可以利用信息化手段深化碳排放评估方法，将建筑碳排放数据收集到客观的量化平台进行分析，为我国节能减排提供了科学数据支撑。

### 1.3.3 碳排放关联数据库研究

数据库构建是建筑碳排放评估的基础，现有的碳排放数据库大多是在生命周期评价方法 LCA 的基础上建立的。碳排放关联数据库的建立出现于 20 世纪 60 年代后，而最先建立的这方面数据库有美国能源部的商业建筑能耗统计数据库（The Commercial Buildings Energy Consumption Survey, CBEC）[47]，以及美国加州的商业最终用途调查（Commercial End Use Survey, CEUS）[48]。这些数据库在世界上产生了深远的影响，得到了广泛的应用，如建筑能耗数据的统计，以及建筑节能减排工作的应用。近年来，国外一些国家陆续建立了一些碳排放数据库，如德国的 GaBi 数据库、加拿大的 Athena 和 TEAM 数据库、日本的建筑环境能效全面评估系统数据库（Comprehensive Assessment System for Built Environment Efficiency, CASBEE），以及丹麦碳排放数据库 SimaPro 等[49]。其中来源加拿大的 Athena Impact Estimator 是一种全生命周期评估系统，其涵盖的数据比较全面，不仅有建筑的典型结构和立面系统，还包括了生命周期中的建造、维护、维修，以及拆除过程中的能耗和碳排放数据。除此之外，Athena 数据库还收藏了加拿大和美国等多个城市的建材生产和运输环节的能耗数据，以及碳排放数据[50]。

一些国内高校和机构已经建立了基于全生命周期 LCA 的数据库系统，其中比较有名的有清华大学的建筑环境负荷评价体系（BELES）数据库和四川大学的 EBALANCE 数据库[51]。Liu 等人[52]还建立了一个化石燃料燃烧与水泥生产二氧化碳排放的数据集。李昕等人[53]则整合了中国的碳排放数据，并对国际碳排放数据库进行比较。

综上所述，国内外对碳排放数据的关注度都比较高，虽然国外的数据库起步较早，系统较为完善[54]，不过我国的碳排放数据库建设也没有停歇。当前中国建筑能耗系统的发展，侧重于监测能源消耗数据，缺乏完整的能源数据评估与分析系统，一定程度上影响了建筑节能相关决策的制定和实施，所以应该重视建筑能耗数据库的建设和完善。由于建筑能耗数据库扮演着非常重要的角色，因此一些高校和地方政府注意到了数据库的重要性，正相继投入资金与人才来建立建筑评价数据库，可以为建筑节能提供数据支持。

### 1.3.4 基于遥感技术的碳排放监测研究

基于遥感技术的碳排放监测研究目的在于完成全球性的碳排放监测任务，利用卫星搭载的传感器对地探测大气质量，如二氧化碳浓度等环境数据。遥感技术具有稳定性、客观性和连续性等特点，因此可快速有效地获取目标区域的二氧化碳时空分布与变化特征。

除了地面观察站外，通过遥感技术的碳排放探测将成为未来主要的监测手段[55]。针对温室气体监测方面，欧洲地区采用遥感卫星探测技术较早，一些国家在空间观测计划中也优先设置了温室气体探测内容。而欧洲空间站于 2002 年成功发射了星载传感器，以探测大气边界层的二氧化碳浓度变化[56]。此外，张仁华等人[57]分析了地表植被与二氧化碳通量之间的关系及其内在机理。刘娣和何仁德[58]则研究了遥感技术在碳排放补偿机制中的应用。

随着遥感卫星技术的发展，世界各国相继发射了探测二氧化碳的卫星传感器，如温室气体观测卫星（Greenhouse Gases Observing Satellite, GOSAT）和大气红外探测仪（Atmospheric Infrared Sounder, AIRS）[59][60]。2014 年，美国国家航空航天局（National Aeronautics and Space Administration, NASA）根据轨道碳观测卫星（Orbiting Carbon Observatory 2, OCO-2）的数据绘制出全球首幅二氧化碳浓度图。2016 年，NASA 又描绘了基于人为因素的二氧化碳排放图[61]。欧盟在 2017 年发射了 Sentinel-5P 卫星，该卫星属于“哥白尼”计划的重要部分，主要任务是监测大气中的化学成分，用于全球的环境保护和安全计划制定。这颗卫星还搭载了对流层监视仪器（Tropospheric Monitoring Instrument, TROPOMI），其分辨率更高，波段范围更广，可以精确测量大气中的成分，如二氧化碳、二氧化氮和二氧化硫等。

中国在二氧化碳遥感探测技术方面也有了进展。2016 年，甘肃酒泉发射了第一颗碳卫星，这是自主研发的大气观测卫星，可以实现二氧化碳浓度和叶绿素荧光等监测任务[62]。2018 年，高分五号卫星（GF-5）在太原卫星发射中心发射，搭载了温室气体监测设备（Greenhouse Gas Monitoring Instrument, GMI），可以对大气中的二氧化碳和甲烷等污染气体进行全面监测。通过验证，GF-5 卫星反演精度达到了 0.67%[63]。另外,曹代勇等人[64]采用遥感影像对乌达地区的火山面积进行圈定,并利用火山区的野外碳排放通量和燃烧裂隙密度,核算出了乌达煤田火山地区每年排放的二氧化碳量。而王莉雯和卫亚星[65]总结了国际遥感监测碳排放气体浓度的研究进展,并介绍了包括热红外、太阳波谱和主动遥感等多种碳排放气体监测技术。刘娣和何仁德[58]采用碳排放补偿机制,通过遥感图像获得植被覆盖度、植被指数和绿叶面积指数等信息,量化计算出生态固碳能力,并阐述了遥感信息在碳排放不畅机制中的重要作用。此外,还有基于夜间灯光的遥感数据对中国进行碳排放空间分布研究[66][67][68]。

程良晓等人[69]利用差分光学吸收光谱(Differential Optical Absorption Spectroscopy,DOAS)方法对大气对流层中的二氧化氮柱浓度反演,并展示了基于GF-5 卫星所载仪器环境监测仪(Environment Monitoring Instrument, EMI)反演结果,证实该方法具有较高的精度。崔月菊等人[70]基于卫星高光谱数据分析汶川地震和芦山地震时,得出该区域内的甲烷和一氧化碳气体排放情况。研究结果表明,在芦山地震前的三个月便出现了两种气体异常状况,该项研究可以为自然灾害和环境监测提供重要依据。季雨平等人[71]利用对地观测卫星传感器获取了对流层的一氧化碳分布数据,其采用了 TROPOMI 12 级产品数据,有效定位了污染源并对小区域进行了连续观测,使获得的一氧化碳数据更加精准。而该研究主要分析了 2019 年中国大气中一氧化碳气体的时空分布特征,研究结果表明一氧化碳分布跟经济发展与人类活动,甚至地形表面有着密切的关联性。在一些发达的沿海城市,一氧化碳含量较高,而西部地区的一氧化碳含量较低,尤其是青藏高原一带的一氧化碳含量非常稀少。

### 1.3.5 碳排放空间反演研究

对于碳监测卫星的遥感反算法主要是通过大气吸收光谱扫描成像绘图仪(Scanning Imaging Absorption Spectrometer for Atmospheric Cartography, SCIAMACHY)作为数据源。现有的遥感算法主要有 NIES-FP[72]、太空大气碳检测(Atmospheric Carbon Observations from Space, ACOS)[73]、UoL-FP[74][75]和 ReMoTeC[76]等。为了提高空间反演精度,一些学者针对现有算法进行了模型优化,最终在碳卫星 XCO2 中反演误差仅有 1ppm 浓度[77]。Yang 等人[78]利用碳卫星 XCO2 数据进行二氧化碳反演研究,绘制出了全球的首幅二氧化碳分布图。为了直观地呈现结果,作者将碳柱浓度观测网络(Total Carbon Column Observing Network,TCCON)的数据与计算结果进行对比,实验结果显示反演数据的平均值为2.11 ppm，该精度符合TanSat观测目标的可接受范围[79]。

自国内第一颗碳监测卫星开发成功以来，国内学者相继提出了许多遥感反演算法。中科院大气物理所开发二氧化碳反演优化模型[80]可用于全物理温室气体估算。对全球20个TCCON站点的观测数据进行比较后，刘毅等人[81]发现TanSat最新反演结果的平均均方根误差(RMSE)为1.47 ppm，平均偏差为−0.08 ppm，这证实了反演结果的准确性，推进了该算法在研究碳通量方面的应用。黄昌春等人[82]探讨了在湖泊碳循环中遥感基数的应用。具体而言，这可以实现对不同水体的二氧化碳等气体进行遥感反演，以及对生物的有机碳进行遥感估算。另外，可以对湖泊碳循环的相关影响因子进行遥感估计，并对流域内的景观特征进行遥感监测反演。

一般而言，二氧化碳反演算法主要分为经验模型和全物理反演算法两类[83]，具体细节如下。

**1. 经验模型**

二氧化碳反演算法的经验模型包含两种类型，主要有神经网络算法和回归统计算法。这种算法需要大量的训练样本作为支撑，不采用正向模型进行辐射传输计算，其优点是能够节省大量时间和效率高。然而，该算法的缺点是无法提供平均值和函数误差估算矩阵，在建立不同时间和地点的大气变化样本库时存在精度问题。

**2. 全物理反演算法**

全物理反演算法包括最优化算法、DOAS算法和光子路径概率分布函数(Path length Probability Density Function, PPDF)算法等。

1) 最优化算法

最优化算法考虑到了反演数据的误差性，以及反应过程的不确定性，并假设这些数据和参数符合概率分布的特点。通过牛顿迭代法计算出合适数据，实现了最优化反演[84]。莱斯特大学开发的全物理反演算法(UoL-FP)和ACOS算法是最典型的两种全物理反演算法，它们以轨道碳观测卫星(Orbiting Carbon Observatory, OCO)为基础进行开发。虽然两种算法十分相似，但其不同之处主要体现在先验值、先验协方差和状态向量方面。此外，在光谱选择、气溶胶处理和云卷处理等方面也存在较大差异，这些因素直接影响了算法的精确性[85]。

2) DOAS算法

DOAS算法主要是针对波长方面的研究，它认为应选择大气中波长变化快的数据来进行二氧化碳反演。最初由Platt等人[86]提出，该算法用于反演紫外光波段下的低浓度气体。Buchwitz 等人[87][88]使用 SCIAMACHY 采集到的近红外波段数据，对二氧化碳和甲烷等气体进行反演。Schneising 等人[89]改进了 WFM-DOAS 算法，考虑到大气气溶胶和自然环境的云光学散射效应，最终显著减小了算法的总体误差。此外，为了证明算法的通用性，一些研究者在数据中选择 SCIAMACHY 的 1100 nm 至 2526 nm 波段并提取出长时间序列的 XCO2 浓度进行反演[90]。

3) PPDF 算法

PPDF 算法是一种基于光子路径概率分布函数的方法，采用等效理论并根据散射效应进行修正[91]。其特点在于能够消除大气环境气溶胶和自然环境中云层的影响。PPDF 算法可用于研究气溶胶和卷云对光子传输路径长度的影响，而对散射作用的描述则通过创建参数因子实现。

## 1.4 关键问题与研究内容

### 1.4.1 关键研究问题

本书是对数据科学和环境科学等学科进行交叉研究，探索信息化技术在生态环境下新的实践模式与研究方向。本书从不同角度进行碳排放分析研究，通过遥感卫星和夜间灯光数据宏观地分析县级区域的碳排放情况；另外，结合基于物联网的智能传感设备，微观地收集商住建筑里的碳排放数据，分析其碳排放的特点，并有针对性地给出相应减排措施。

为了全面了解碳排放的情况，本书采用了宏观和微观的数据进行分析，这是由于这些数据本身具有一定的局限性，如果单独使用某一类数据会带来一系列的问题。针对宏观层面，使用遥感卫星可以探测整个中国所有地区的环境数据，但特定区域的评估精度还有所欠缺。因为一般常用卫星的遥感图像空间分辨率有限，无法单独分析某一特定商住建筑的碳排放水平。另外，遥感数据的处理量较大，也不利于对某一地区进行实时分析。针对微观层面，研究过程中无法大规模部署采样设备，需要考虑管理与维护等成本过高的问题，因此不可能采集到中国所有地区的商住建筑碳排放量等相关的环境数据。即使仅对一些地区进行采样，也难以选取具有代表该地区碳排放水平的商住建筑。而且大部分二三线城市的中心碳排放水平均较高，然后周围郊区的碳排放水平却很低，因此均不具代表性。根据上述情况，单独使用某一类数据会带来成效性、代表性和数据精度等问题，若结合使用这两类数据，可以发现它们之间具有互补性。商住建筑碳排放数据可以填补遥感图像数据缺乏的数据精度，而遥感图像数据可以填补商住建筑碳排放数据缺失的数据空白。综合使用这两个数据集可以获得更加准确、全面和可靠的数据结果。

本书研究将遥感卫星数据与商住建筑碳排放数据有机结合，构建了多源碳排放数据库平台，实现多源数据的管理与预处理等功能，如数据筛选和缺失值处理等数据处理。同时，本书分别对特定商住建筑物与县级区域碳排放密度的内在联系展开了研究，归纳出不同类别的碳排放规律与特征，提出了新的碳排放预测量化模型，再将评估结果反演到空间网格，并综合提出相应的减排策略，为我国碳排放的测算、减排措施制定与实行提供科学依据。然而在研究过程中，伴随着一系列困难和挑战，如研究数据的处理和评估模型的构建等，具体有以下几个关键问题需要解决。

**1. 有序组织并利用多源碳排放数据**

无论是遥感卫星图像还是城市建筑碳排放数据，其数据量都非常庞大。面对如此海量的数据，如何使用合适的方法进行有序组织与管理，并将数据应用于实际场景？具体来说，首先应构建一个包含多源碳排放数据的管理平台，可以进行基本的数据处理与管理操作，有利于使用该平台的多源碳排放数据进行后续量化预测和优化策略研究。

**2. 构建商住建筑碳排放通用预测模型**

预测模型的泛化能力是算法性能的一项挑战，即如何提高模型对商住建筑碳排放预测准确性，同时也要确保模型在未学习过的商住建筑碳排放数据上保持良好表现。其难点在于解决不同地区环境数据的分布和量纲并非一致问题，从而使模型适用于不同气候地区的迁移预测。

**3. 量化评估县级尺度的碳排放水平**

由于传统的碳排放评估方法在精细或者广阔的评估区域，面临着特征分布复杂与数据量丰富等问题，使其碳排放量的估计误差逐渐增大。另外，如果是国家级或省级的碳排放估计，很难发现其内部的差异情况。因此，需要以县级区域作为研究对象，进行碳排放的量化估计，才能合理地评价地区的碳排放水平，为其后的碳排放空间差异分析与减排措施提供科学数据支持。

**4. 宏观分析碳足迹空间差异分布**

由于中国地域广阔、气候复杂多样和地形条件等特点，各地的城市化进程存在很大的差距，这也导致我国各区域的碳足迹空间分布不一。因此，如何精准判断全国范围内各县级碳排放程度将是本书的研究难点之一，需要从遥感图像中分析县级碳排放的空间关联特征，再划分出不同的碳排放水平，从而可以提出具有针对性的碳减排措施。

### 1.4.2 研究思路

针对多源环境数据与碳排放的内在关联和规律，探究人类活动与碳排放的时空关系。本书的研究借助了深度学习强大的特征提取能力，通过对宏观和微观的多源碳数据进行分析，分别归纳出特定商住建筑与该区域的碳排放的分布特征，然后有效且准确地展开碳排放的量化评估与减排策略研究。本书将从数据处理、评估模型构建和减排策略分析三个方面，对区域内商住建筑的多源数据关联预测进行分析研究。

**1. 多源碳排放数据平台建立**

对于海量的多源环境数据存在难以组织与应用的问题，本书研究设计了一个多源环境数据平台，其目的是收集与管理不同类型、不同结构和不同质量的环境数据，为碳排放的关联预测与分析研究提供数据基础。

**2. 碳排放评估模型构建**

为了更好地制定科学的碳减排策略，书中针对商住建筑和其区域的碳排放，提出了不同的深度学习评估算法，从多源环境数据中挖掘碳排放的深层特征，并对其内在机理进行探索。除了改善传统机器学习方法的不足，还可以客观科学地估计目标区域的碳排放情况。

**3. 碳足迹强度及其空间分布估计**

由于定点的商住建筑碳排放监测不具有代表性，因此本研究提出了基于宏观的碳足迹空间分布估计方法，通过数据挖掘方法计算出我国县级的碳排放空间分布，再根据各区域的碳足迹强度与特点，提出了针对性的减排建议。

本书研究以关键问题为出发点，提出不同层面碳排放分析的解决方法和研究思路，具体流程如图 1-2 所示，全书的各个章节将按照以下研究内容进行展开。此外，本研究将整个关键问题归纳为一个核心问题，即如何有效、宏观和客观地分析碳足迹的空间差异分布。

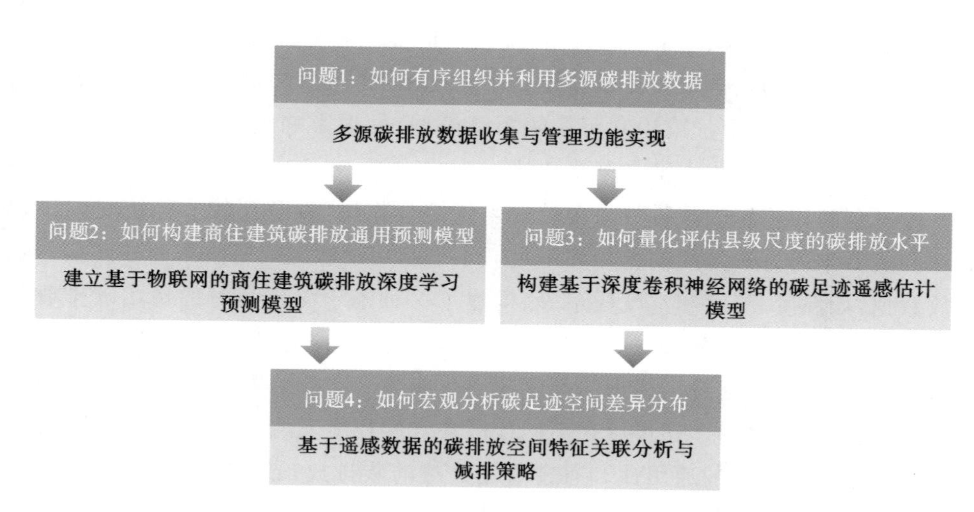


**图 1-2　基于多源数据驱动的商住建筑碳排放关联预测与优化研究思路**

### 1.4.3　多源碳排放数据平台功能实现

本书的主要研究目标是针对我国不同层面的碳排放量化评估，分析其变化趋势。为了完成该研究工作，需要从多种异构的环境数据进行信息挖掘与归纳，但在处理过程中普遍存在数据规模大、数据来源多和数据结构差异等问题。因此，本研究需要搭建一个存储与分析一体化等功能的碳排放数据平台，以应对多源数据的管理与处理任务，有利于后续的碳排放量化分析研究。

为了提高碳排放数据管理与使用效率，本书构建了一个基于多源碳排放的信息管理平台，可以针对不同地区的商住建筑碳排放和遥感图像进行多源异构的数据管理，该平台的主要功能包括多源数据汇集、处理分析和数据展示等。

通过多源碳排放数据平台可以快速了解目标区域碳排放的时空数据，再结合数据驱动的算法来监测和评估碳排放程度，及时发现碳排放量异常波动。因此，多源碳排放数据平台对数据分析与预测起着关键作用，为制定科学且合理的减排策略提供依据，实现碳排放的可持续管理。

### 1.4.4　基于物联网的商住建筑碳排放预测研究

在城市化进程不断推进的情况下，商住建筑作为城市中较大的碳排放来源，其碳排放预测研究对于减少碳排放具有重要的意义。由于商住建筑的碳排放受到很

多因素的影响，如气候、季节和人流等，需要实时监测和分析，因此通过物联网技术可以为商住建筑的碳排放预测研究提供了新的解决方案，再结合大数据分析和机器学习等手段，建立更加准确和可靠的预测模型，发现影响碳排放量因素，可为商住建筑碳排放提供优化方案与策略建议。

考虑到商住建筑的碳排放受多种因素的综合作用，以及比较了传统时间序列方法和机器学习方法之间的差异和不足。本书利用物联网设备收集商住建筑的碳排放数据，如温度、湿度和空气质量等，构建了一种基于深度学习的通用碳排放预测模型。它是基于自注意力机制的多维度时间序列预测算法，结合不同时间周期的碳排放趋势特征，提升了模型的性能与泛化能力。实验结果表明，所提出的模型除了有不错的预测结果，还可以在不同地区和气候环境下的观测点进行迁移预测，进一步验证了该模型的通用性。通过商住建筑的碳排放预测研究，可以对关键的影响因素优化处理，促进碳减排工作的开展。

### 1.4.5 基于深度卷积神经网络的碳足迹遥感估计

商住建筑碳排放估计除了涉及建筑物内部的环境因素，还需要考虑外部环境因素的直接影响，而碳足迹估计是评估人类活动对气候变化影响的重要方法之一。对于传统的碳足迹估计方法通常基于统计数据和问卷调查，具有精度低和数据收集困难等缺点。因此，利用遥感技术对碳足迹进行估计的研究受到了广泛关注，可以快速量化评估出广泛区域的碳排放情况。

从遥感卫星图像可以获取到地表上地物的空间分布信息，但其存在数据庞大且非结构化等特点，而当前主流的碳排放估算大多以国家或者省份为主，该空间分辨率较为粗糙，无法观察具体的碳排放差异。为解决上述问题，本书提出了一种基于深度卷积神经网络的碳足迹估计方法，通过结合多种遥感图像，分析县级尺度下的碳排放相关信息特征，从而量化计算碳足迹水平，然后将结果反演到空间网格上。通过实验验证，书中提出的县级碳排放评估算法具有较高的精度和可靠性，可以有效地估计出我国县级行政区的碳排放量，为碳足迹估计提供一种新的可行途径。

### 1.4.6 基于遥感数据的碳排放空间特征关联分析与碳减排策略

由于中国各城市的经济发展和人口规模等方面都存在一定的差别，城市化与工业化等程度形成区域性差异,因而影响减排政策的实施效果,如在高度发达的城市可能减排效果不明显,或是因减排力度过大导致工业型城市的经济生产受影响等情况。因此,需要根据其碳排放空间特征与经济发展等信息来制定针对性的减排政策,在最大化减少对经济生产活动影响的同时,有效实现降低碳排放的目标。

为了区分中国不同区域的碳排放水平,本书以我国各县级碳足迹的估算结果作为基础,提出了基于遥感图像的空间聚类方法,对遥感数据与碳排放进行关联分析,以揭示我国县级行政区碳排放的空间分布特征,分析碳排放与地形、气候等自然因素之间的关系,了解碳排放的形成机制。再根据分析结果,对不同程度的碳排放空间特征和对应地区的经济发展特点,结合前面商住建筑排放的结果分析,针对性地提出从宏观到微观的减排策略。

## 1.5 全书结构安排与研究内容

本书从国家双碳政策的绿色低碳转型背景出发,针对不同地区商住建筑的内部和外部进行碳排放定量评估与定性分析研究。书中提出了基于多源数据的商住建筑碳排放关联预测和分析的技术框架,主要涵盖了多源碳排放数据采集与管理、商住建筑碳排放预测模型构建和量化评估碳足迹强度及其空间分布三个方面的研究。该技术框架解决了从多源碳排放数据平台建立到预测模型构建过程中出现的技术难点,通过物联网传感、遥感和机器学习等技术的有机结合,实现人文社科、环境科学与数据科学的跨领域应用,为碳减排目标的实现提供科学支持和参考。本书的研究内容分别围绕该三个研究重点展开,具体的结构安排如图 1-3 所示。

第 1 章是绪论,主要介绍本书的研究背景、研究意义和其应用价值,其中阐述了全球变暖与碳排放的关系,以及城市化对碳排放的影响。另外,本章还对国内外相关碳排放的研究现状进行陈述,结合我国碳排放形势,提出针对我国商住建筑的碳排放量化估计与减排策略研究的关键问题和研究内容,确定了本书的研究方向和实际的应用意义。

第 2 章是多源碳排放数据平台实现。为了解决海量的多源碳排放数据信息无法有效利用的问题,特别是我国商住建筑碳排放和其遥感图像存在数据量大、种类繁多且结构不统一的问题。本章设计与实现了一个多源碳排放数据平台,构建了一个时空结构、存储分析和多源异构高度融合的数据资源共享体系。该平台满足不同数据源、分辨率和结构差异的数据收集与管理工作,还整合了数据预处理和数

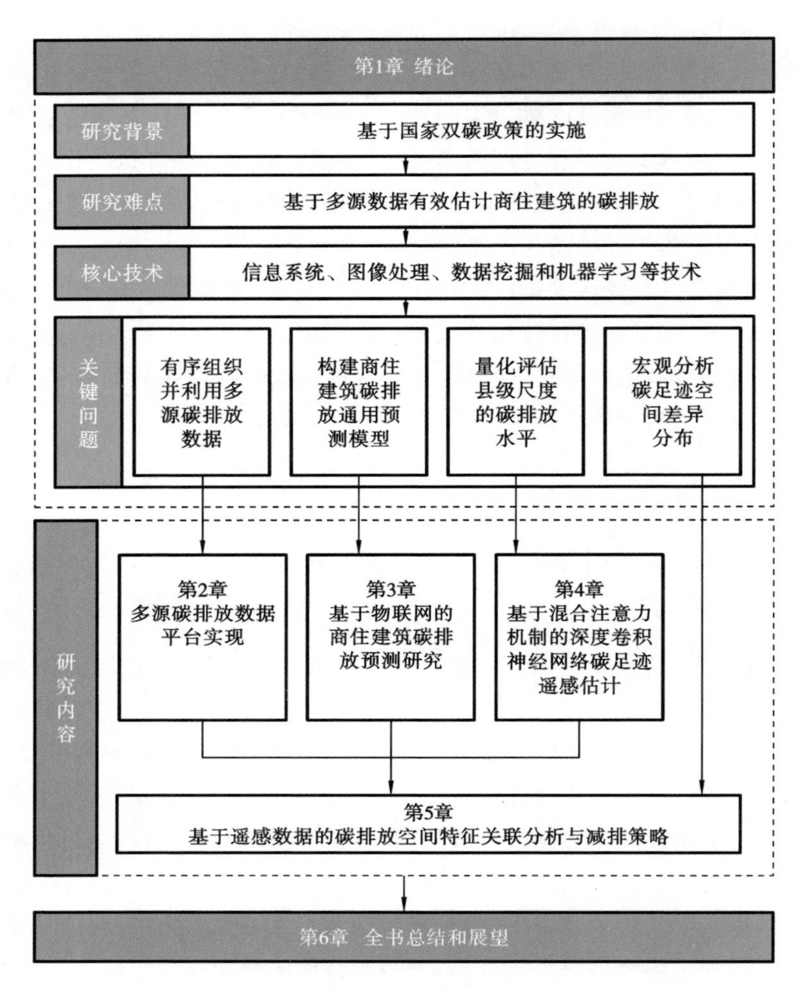


图 1-3 全书内容与组织结构

据可视化等功能，可以为碳排放特征关联分析和减排策略研究提供数据基础。

第 3 章是基于物联网的商住建筑碳排放预测研究。针对商住建筑内部的碳排放数据采集与趋势预测，本章提出了一种基于多因素多维度时间序列预测模型，可以从基于物联网的智能传感器设备采集到的商住建筑碳排放数据，进行多种相关要素的深度融合，建立了一个适用于不同地区的商住建筑碳排放预测的通用模型，而该算法可以增加碳排放的预测精度与泛化能力，为节能减排提供技术依据。

第 4 章是基于混合注意力机制的深度卷积神经网络碳足迹遥感估计。为了解决现有算法的估算精度低和研究对象尺度大的问题，本章提出了一种基于深度卷积神经网络的碳足迹遥感估计算法，通过搭配混合注意力机制模块，可以从多源遥感数据中提出人类活动与碳排放程度相关的深层特征，最后构建出一个全国县级碳足迹估计的回归模型，并通过与官方碳排放统计值的定量与定性测试，证实了所提出算法的有效性与准确性。

第 5 章是基于遥感数据的碳排放空间特征关联分析与减排策略。由于我国各地域的碳排放水平呈区域性差异化，需要有针对性地制定减排措施，因此本章提出了基于机器学习的聚类算法对不同的碳排放估算结果进行等级划分，以溯源分析各地二氧化碳排放的空间分布规律，快速且有效反映各县级行政区的碳排放差异，并生成一幅基于碳排放估算结果的聚类分布图。另外，根据该区域聚类结果与第 3 章的商住建筑碳排放特点进行分析，分别从宏观和微观的角度深入剖析碳排放来源和区域特性，并提出了相关的碳减排策略建议。

第 6 章是全书总结和展望。该部分针对本书的研究内容与实验结果进行总结，并对未来的工作提出建议。

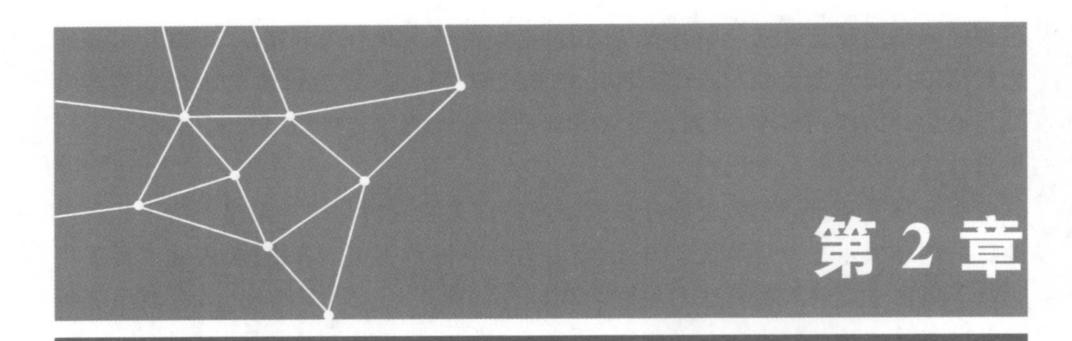


# 多源碳排放数据平台实现

## 2.1 本章引论

由于本书的核心内容是对我国不同层面的碳排放分析与减排策略进行研究，因此，需要从大量的环境数据中归纳出碳排放的特征规律，再进行量化预测与定性分析工作。虽然我国碳排放相关的数据具有海量性、多样性和非标准化等特点，但本章旨在建立时空一体化、存储分析一体化和多源异构数据一体化的碳排放数据资源共享平台，以协同研究碳排放数据和充分发挥数据价值，并打破数据孤岛局面。

为了合理和有效的运用多源碳排放数据，本章构建一个多源碳排放数据平台，其可以收集和管理来自不同源头、分辨率不一和结构差异的碳排放数据，包括商住建筑碳排放和遥感图像等数据。而该数据平台整合了支持智能传感器的物联网系统与遥感数据的地理信息系统，可以将不同类型的碳排放数据进行统一管理与调用，方便碳排放数据的协同研究。另外，多源碳排放数据平台还具备常规的数据处理功能，如过滤离群值和缺失值等不完整数据，可以进行删除和插值等操作，为商住建筑碳排放和县级碳足迹的关联预测和减排策略研究提供数据基础。

## 2.2 研究背景与相关工作

为了对多源碳排放数据进行定量预测与定性分析，需要建设一个数据管理平台，以实现商住建筑碳排放和遥感图像的数据采集、数据预处理和数据可视化等功能，方便后续的碳排放分析研究。本研究的商住建筑碳排放数据是基于嵌入式系统开发的智能传感设备进行采集，不过该数据仅反映局部建筑物的环境质量，而无法探究整个地区的碳排放情况。因此，本书引入了遥感图像数据，从宏观层面获取地表事物的特征，并计算出全局的碳足迹分布情况。在整个数据采集过程，多源碳排放数据平台起到组织管理的关键作用，而且还可以在线数据预处理操作，从而确保数据的完整性和可靠性。除此之外，该数据平台可以对数据进行可视化展示，使实现数据的快速定位与查询功能。本研究的多源碳排放平台的系统框图，如图2-1所示。

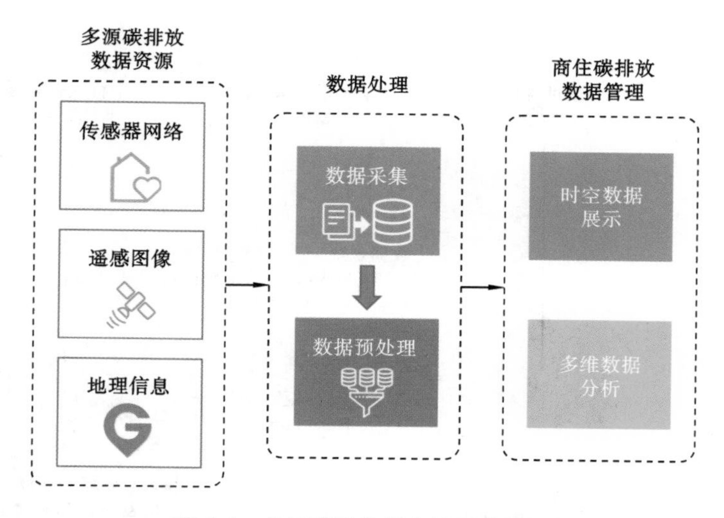


图2-1 多源碳排放平台的系统框图

### 2.2.1 嵌入式系统

本书使用到的智能传感器是基于嵌入式系统进行开发，而嵌入式系统是一种集合了硬件和软件的独立运行设备。其中,硬件部分包括但不限于微处理器、存储器和外部输入输出设备;而软件部分则有操作系统和应用软件等,以满足软件系统的运行需求。嵌入式系统与个人计算机相比,具有体积小、成本低和功耗低等优势,使用者可以根据不同应用场景设计不同功能的嵌入式系统。

为了分析商住建筑的碳排放情况,本研究通过智能传感设备来采集建筑物内一系列的环境数据。而该智能设备采用了基于 ARM Cortex M3 架构的 STM32 嵌入式处理器,具体的硬件架构如图 2-2 所示。当将各环境传感器模块连接到嵌入式平台的接口,经过系统初始化配置后,便可以通过预先编写的应用程序来控制外置传感器,实时监测和记录商住建筑的碳排放数据,再通过网络传输数据到多源碳排放数据平台进行存储与应用。

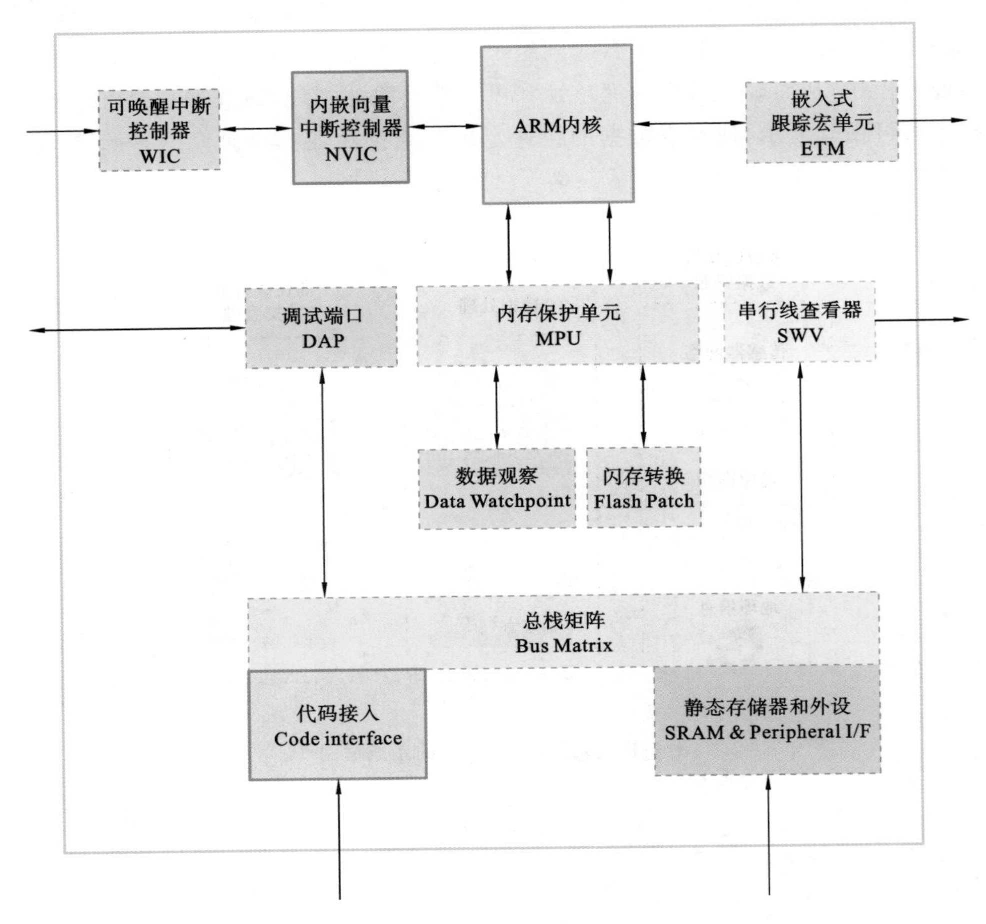


图 2-2　ARM Cortex M3 的硬件架构

### 2.2.2 物联网平台

物联网平台是一种集成了多种技术和服务的平台，用于连接和管理物联网设备，收集和处理设备产生的数据，并提供数据分析和应用开发的服务。其主要功能包括设备管理、数据管理、数据分析和应用开发等，具体介绍如下。

**1. 设备管理**

设备管理主要的功能有设备注册、设备连接、设备监控和设备控制等，用户可以方便地对物联网设备进行管理和监控，实现设备的远程控制和调试，提高设备的可靠性和稳定性。

**2. 数据管理**

数据管理则可以进行数据采集、数据存储、数据清洗和数据安全等操作，方便用户收集和存储物联网设备产生的数据，并对数据进行处理和分析，更好地理解设备的运行状态和用户行为。

**3. 数据分析**

对于数据分析的功能可以帮助用户对物联网设备产生的数据进行分析和挖掘，发现其中的规律和趋势，并提供相应的决策支持。

**4. 应用开发**

针对应用开发，物联网平台可以提供一系列的应用开发工具和服务，包括开发框架、API接口、数据模型和应用模板等，用户可以将物联网设备与业务场景相结合，帮助用户快速开发和部署物联网应用。

为了节省开发和部署成本，本章的碳排放数据信息平台主要使用开源的物联网平台作为研究基础，并将基于STM32嵌入式系统的智能传感器设备连接到该平台。通过对硬件设备和物联网平台的一系列连接配置，即可实现传感器或物联网设备的实时数据传输和处理，并且提供了数据管理和数据可视化等功能。

### 2.2.3 遥感技术

遥感，顾名思义就是感知遥远的目标。而遥感技术是指利用航空、卫星等远距离手段获取地球表面信息的技术，其主要透过搭载的传感器，接收来自地球表层各种不同事物反射或向外辐射的电磁波信息，所以遥感技术可以获取地形、地貌、地质、水文、植被和土地利用等地物信息。通过遥感技术获取的数据可以进行数据处理、分析和应用，为资源管理、环境保护和城市规划等领域提供依据与支持。

为了从宏观层面分析地区的碳排放情况，本研究借助遥感的宏观性、连续性和客观性等优势，结合了机器学习算法的应用，对我国县级行政区的碳排放量进行大范围的估计与预测，并生成其空间化分布图。通过基于遥感的碳排放分析研究，可以弥补商住建筑碳排放的局限性问题，综合分析了宏观层面和微观层面的碳排放特征，提出有针对性的碳减排策略。

本书所使用的遥感数据主要来源于 NASA 的陆地卫星 8 号(Landsat 8)的多光谱数据，以及 Suomi-NPP 卫星提供的夜间灯光数据和地表海拔信息的数字高程模型(Digital Elevation Model，DEM)数据。综合使用这些多源遥感数据，可以有效地反映人类的活动情况，从而估算出所产生的碳排放量。

### 2.2.4 地理信息系统

地理信息系统(Geographic Information System，GIS)是一种将地理空间数据与属性数据相结合的技术，用于创建、管理、分析和可视化地理信息的系统。它可以将各种数据(如地图、人口、土地利用等)进行整合和分析，以帮助人们更好地了解地理现象和空间关系。GIS 技术的应用范围广泛，包括城市规划、环境保护、资源管理、农业、水文等领域。

GIS 系统的主要功能包括数据采集、数据管理、数据分析和数据可视化。其中，数据采集是通过各种方式获取地理空间数据和属性数据；数据管理是将采集到的数据进行整合、存储和管理，以便于后续的分析和可视化；数据分析可以利用各种算法和模型对数据进行处理和分析，以提取出有用的信息和建立预测模型；数据可视化是指将分析结果以图形或图像的形式展示出来，以便人们更直观地了解数据的含义和关系。

GIS 系统可以对各种地理数据进行整合和分析，以提高人们对地理现象的认识和理解。另外，GIS 系统也可以为决策者提供有力的辅助决策工具，帮助他们更准确地制定政策和规划。因此，GIS 技术能够帮助人们优化资源利用，减少浪费和损失，提高工作效率。

由于本书的宏观碳排放估计是基于多源遥感数据基础上进行分析研究的，该数据包括多种不同类型的遥感图像和边界矢量等数据。因此，本章的数据管理平台需要加入 GIS 系统进行遥感数据收集与管理，实现地理图形与碳排放数据属性的相互查询，并以可视化的形式在地理图形上展示各地区的遥感图像或者碳排放情况，以提高针对碳排放的分析处理效率。

# 2.3 多源碳排放数据平台设计

## 2.3.1 多源碳排放数据平台的总体概述

为了可以有效运用多源碳排放数据，本章针对商住建筑的环境数据和对地观察的多源遥感数据进行数据管理平台的设计与构建，该数据平台分别整合了物联网系统和地理信息系统，使支持智能传感器与遥感图像的数据。通过多源碳排数据平台可以实现数据采集、数据管理、数据分析和数据可视化等功能，为后续的商住建筑碳排放和县级碳足迹的关联预测及其减排策略研究提供数据支持。

## 2.3.2 多源碳排放数据平台设计原则

针对多源碳排放数据平台的构建，本章将按照以下设计原则进行平台建立，以尽可能保障数据在安全性、可靠性和稳定性方面的表现。

**1. 数据一致性**

由于所构建的碳排放数据平台来自于不同类型的数据，一部分来源于物联网智能传感设备，而另一部分来源于遥感卫星，因此数据源相对较为复杂。为了确保数据的一致性，需要对所有数据来源进行协调和整合，以确认数据在时空上的对应关系。

**2. 数据完整性**

物联网智能传感设备可实现24小时不间断监测商住建筑的数据，并呈现连续性。为避免错误数据被上传至数据库，在数据平台设计时加入审核机制，只有通过审核的数据才能被有效写入数据库。

**3. 数据安全性**

有关数据管理方面，仅有最高权限管理员、经授权用户或者用户名下有智能传感器设备的用户才可以对碳排放数据库进行数据写入。对已存入数据库的数据进行更改或删除时，则需由最高权限管理员进行操作。

**4. 数据可扩展性**

随着采集设备的不断完善，可收集的数据种类也会增加。在设计数据库时，考虑到数据平台的可扩展性，允许最高权限管理员根据新类型数据对数据库进行扩充。

**5. 数据规范化**

为了使碳排放数据库平台的数据一致且易于处理，在上传智能传感设备所收集的原始数据前，需要对数据进行统一规范化处理，以减少在读写、修改和删除时可能出现的异常情况。

### 2.3.3 多源碳排放数据平台的设计目标与要求

对于本章的多源碳排放数据平台建设，需要满足以下几个设计目标与要求。

**1. 数据收集**

多源碳排放数据平台可收集来自不同来源的二氧化碳排放数据，包括各种不同结构的数据，如文本数据、时序数据和图像数据等，为数据分析和处理提供便利和支持。

**2. 数据分析**

数据管理平台的数据分析功能不仅仅局限于统计数据，还可以将不同数据源的数据进行分析与对比，帮助用户理解数据之间的关系和变化，从而更好地提高碳排放的分析效率。

**3. 数据展示**

通过可视化的形式向用户展示数据分析结果，其中以图表和地图等多种方式将数据呈现给用户，使用户可以更直观地了解碳排放的差异，提出针对性的碳减排措施。

### 2.3.4 多源碳排放数据平台总体结构

本节主要介绍多源碳排放数据平台的总体结构，其中包括商住建筑碳排放监测和多源遥感卫星数据库模块的作用与应用。首先，针对商住建筑碳排放监测的组成和实现原理进行简介。然后，对多源遥感卫星数据模块进行介绍，包括遥感数据的类型和特点等。

**1. 商住建筑碳排放监测**

该部分数据采集主要依赖各观测点的智能传感器设备，对商住建筑物进行多项环境数据监测，包括内部环境的温度、湿度、光照强度、空气颗粒物（PM2.5）和二氧化碳浓度等指标，具体的数据分类和描述如表 2-1 所示。该设备每五分钟会进行一次采样，可以兼顾数据存储量和数据连贯性问题。

表 2-1 数据概况

| 序号 | 数据类别 | 数据内容 |
| --- | --- | --- |
| 1 | 室内环境温度/(℃) | 监测室内温度 |
| 2 | 室内环境湿度/(%) | 反应采样点当前环境湿度 |
| 3 | 室内光照强度/lux | 检测观察点的采光状况 |
| 4 | 室内空气颗粒物(PM2.5)/($ug/m^3$) | 收集空气中 PM2.5 的浓度，反应室内空气质量 |
| 5 | 室内二氧化碳浓度/$10^{-6}$ | 监测室内碳排放量，评价商住建筑的绿色发展水平 |

智建筑环境监测仪的硬件组成主要包括嵌入式处理器、SD 卡读写模块、无线 Wi-Fi 模块、温度检测模块、湿度检测模块、光照强度检测模块、PM2.5 检测模块和二氧化碳浓度检测模块等。

湿度检测模块使用的是集成度高的温湿度传感器，该测量组件由电容式湿度测量组件和能隙式测温组件组成，可以提供 −40 ℃到＋125 ℃的测量温度范围，并且相对湿度（Relative Humidity，RH）范围在 0% RH 到 100% RH。

光照强度检测模块使用光敏电阻将光信号转换为电信号，当该传感器接收到大量光照时，由于光电效应的作用，光敏电阻的电阻值会降低，从而增大电流值。根据电流值检测，可以反映出当前监测区域的环境采光情况。

PM2.5 检测模块是采用激光散射原理的传感器设备，能够收集激光经过空气悬浮颗粒物产生的散射光，并由检测芯片根据时间变化曲线计算出颗粒物大小和数量，再以数字信号的形式进行反馈。

二氧化碳浓度检测模块则采用光学式气体传感器，可以根据二氧化碳对红外光的吸收强度推算出二氧化碳的浓度。

每个智能设备都配备一张 SD 卡，用于暂时的数据存储。如果监测仪能够连接无线 WIFI 网络，则可通过网络上传收集的数据。设备通过 USB Type-C 型接口进行数据传输和供电。另外，每台设备都有独立编号，可通过数据平台查询该设

备运行情况。

**2. 多源遥感卫星数据库**

本章的数据平台还针对多源遥感图像数据进行采集与管理,根据本书的研究会用到 Landsat 8 卫星的多光谱图像、Suomi NPP 卫星的夜间灯光图像和 DEM (Digital Elevation Model)图像等数据。遥感图像的数据来源主要从 NASA 官网进行下载,其中时间跨度以年作为单位,然后输入到多源碳排放数据平台进行统一管理。

NASA 的陆地卫星计划旨在使用卫星的传感器对地球表面变化和资源探索进行遥感观测。Landsat 8 是该计划中第 8 颗观测卫星,同时搭载了两类不同的传感器来完成成像任务。其中,陆地成像仪(Operational Land Imager, OLI)拥有九个不同波段的探测器,可以获取不同种类的地物信息,如水体、植被、道路、土壤和岩石等。这些信息能够基本实现对所监测区域的地图成像。此外,该卫星还配备了热红外探测器(TIRS),它可以探测地表中不同的热辐射目标[92]。

夜间灯光图像则来自于 Suomi NPP 卫星,该卫星使用光红外辐射成像仪(Visible Infrared Imaging Radiometer Suite, VIIRS)对地表夜间灯光辐射进行采集,这种数据可以直接反映出人类活动情况及活跃程度,同时不会受到日间光照的影响。另外,高程数据来源于数字高程模型,它可以提供精准的地势高度信息。

通过结合地表的多光谱图像、夜间灯光图像和高程数据,可以分析出人类活动区域与生活轨迹,从而评估出目标区域的碳排放情况。

## 2.4 多源碳排放数据平台模块

### 2.4.1 商住建筑碳排放监测模块设计

商住建筑碳排放监测模块是多源碳排放数据平台的重要组成部分之一,主要通过传感器与信息化技术,采集和分析商住建筑的碳排放数据,为平台提供更加准确、实时和全面的碳排放数据。具体的模块设计如下。

**1. 传感器配置**

针对商住建筑的碳排放监测,需要选择符合国家标准的传感器,然后对传感器的精度和灵敏度进行参数配置和校准,以保证传感器在实际使用的准确性和可靠性。

**2. 数据采集系统**

通过智能传感器设备采集到商住建筑的碳排放数据，然后将数据传输到数据平台的物联网采集系统中。而数据采集系统既可以是本地的硬件设备，也可以是数据平台上的虚拟设备，具有实时和异步两种数据采集方式。

**3. 数据预处理**

对已采集到的商住建筑碳排放数据进行预处理，包括数据清洗、去除噪声和数据平滑等处理。同时，可以进行数据质量和异常值检测，确保数据的完整性。

**4. 算法模型建立**

对商住建筑碳排放的数据分析和处理，建立专门的算法模型对碳排放量进行评估、预测和优化等任务，为用户提供全面且精准的碳排放分布及其趋势。

**5. 数据可视化**

利用数据可视化技术，将处理后的商住建筑碳排放数据呈现出来，包括数据图表和地图等，为用户在数据平台上提供可视化数据服务。

### 2.4.2 多源数据模块设计

整个系统的碳排放数据收集设计，如图 2-3 所示。该设计涵盖了碳排放数据收集模块的两个部分，分别是商住建筑碳排放数据和遥感图像的数据采集。

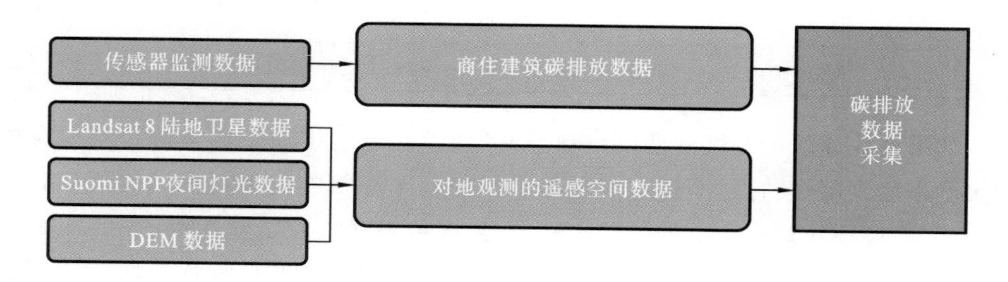


图 2-3 碳排放数据收集模块

**1. 商住建筑碳排放数据采集**

图 2-4 所示的是商住建筑碳排放数据采集流程，其硬件部分是由嵌入式微处理器和多个传感器件组成。各种传感器作为嵌入式系统的外设，微处理器能够对传感器进行正确识别和初始化设置。当传感器接收到微处理器的数据采集指令，

才会正确运行。采集到的环境数据可以通过无线网络上传到数据管理平台,也可以通过手动方式从存储卡读写到数据库中。

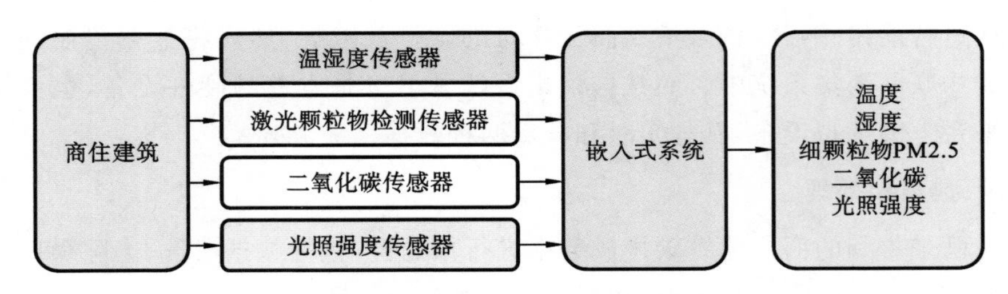


**图 2-4　商住建筑碳排放数据采集流程**

为满足多种碳排放数据的采集需求,智能传感器设备采用意法半导体的STM32 处理器,可以连接与控制多个传感器外设,包括温湿度传感器、激光颗粒物检测传感器、二氧化碳传感器和光强度传感器,具体型号如表 2-2 所示。而整个碳排放数据收集模块使用 USB 进行外部供电,可为微处理器及多个外设传感器供电。

**表 2-2　传感器设备详情**

| 传感器型号 | 检测数据类型 |
| --- | --- |
| SHT30 | 室内环境温度/(℃) |
| | 室内环境湿度/(%) |
| GY-30 | 室内光照强度/lux |
| SPS30 | 室内空气颗粒物(PM2.5)/(ug/$m^3$) |
| SCD40 | 室内二氧化碳浓度/$10^{-6}$ |

如果商住建筑的温度和湿度出现异常,通常会通过暖通空调系统将室内温度和湿度平衡到舒适状态,不过这个过程会增加整个建筑物的能耗和碳排放量。因此,在研究商住建筑碳排放的关联预测中,温度和湿度的采集与监测是必不可少的一环。本研究采用 Sensirion SHT30 的温湿度传感器,监测和收集商住建筑环境内的温度和湿度。

为监测商住建筑内的空气中 PM2.5 的含量,本章使用 Sensirion SPS30 的激光颗粒物检测传感器。尽管 PM2.5 在大气成分中所占比例较小,但其会严重影响空气质量,甚至影响人体健康。许多现实场景都会产生 PM2.5,其中包括植物花粉和灰尘等自然来源,以及燃料燃烧过程中产生的颗粒物等人为来源。由于本章研究的是商住建筑的碳排放,因此传感器主要检测人为来源的 PM2.5。通过分析碳排放量和 PM2.5 之间的相关性，可以了解两者之间的潜在关系。

针对商住建筑内的碳排放量数据监测和收集，该研究还使用了 Sensirion SCD40 的二氧化碳传感器。这些碳排放量数据大多是指商住建筑运营和人类活动所产生的碳排放量，再利用算法对其时间序列分析，可以直观地了解商用建筑在不同周期内的碳排放量变化情况。

本章选用了型号为 GY-30 的光强度传感器，其以光敏电阻作为光感应组件。当光线照射到光敏电阻时，光子被电解成电子和空穴，从而增加其电阻值；反之，当光线较弱或完全没有光照射到光敏电阻时，其电阻值会降低。因此，通过测量光敏电阻的电阻值变化，就可以得出当前环境的光照强度数据，从而对建筑的照明系统进行调整和优化采光情况，减少能源浪费和碳排放。由于建筑物的照明系统与建筑物内的人类活动密切相关，因此建筑的采光情况与其碳排放量也有一定关联。

**2. 遥感图像数据的收集**

本文所使用的多源遥感图像数据主要来源于 NASA 发射的遥感卫星，包括 Landsat 8 的多光谱图像、Suomi NPP 的夜间灯光图像，以及 DEM 数据等，具体如图 2-5 所示。而这些遥感数据从 NASA 官方网站可以获取，不过下载的数据多数是原始的遥感数据，其图像质量存在一定的问题，因此还需要进行一系列的数据预处理工作。

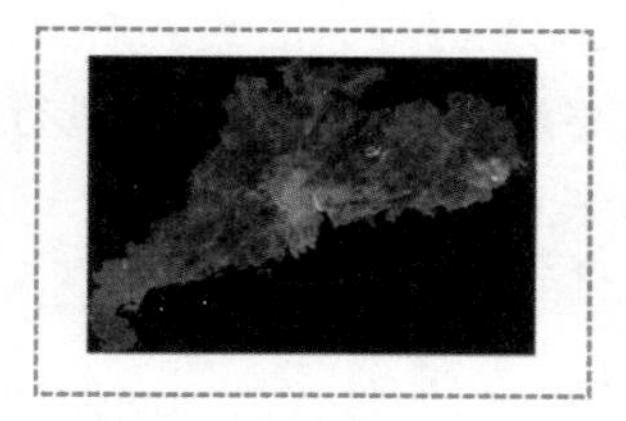
(a) Landsat 8 彩色合成

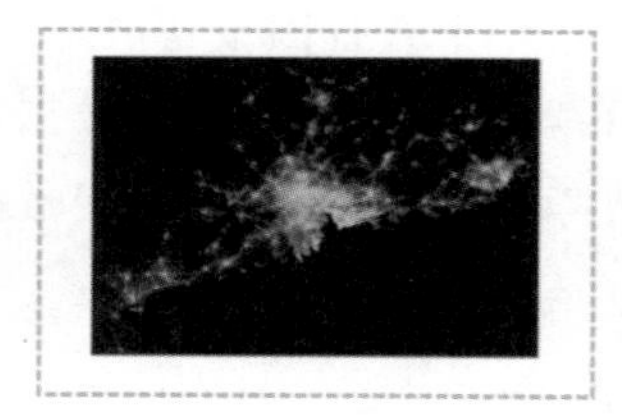
(b) Suomi NPP 夜间灯光

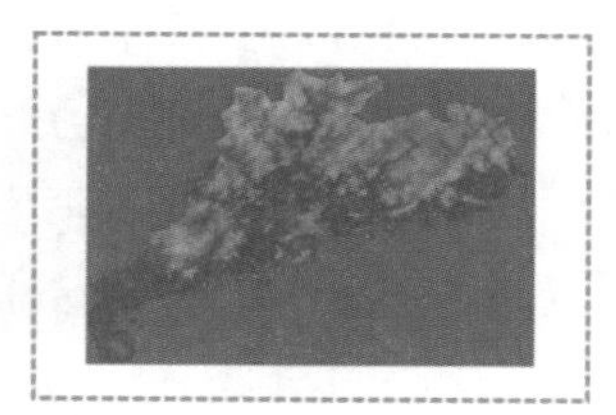
(c) DEM

图 2-5　多源遥感图像数据

本章的多源碳排放数据平台通过收集多种不同类型的遥感图像数据，再结合机器学习等算法处理，可以更好地提取地表人类活动轨迹的信息，从而有效判断碳排放的程度与分布情况。

### 2.4.3　碳排放数据预处理模块设计

碳排放数据预处理模块是多源碳排放数据平台的关键部分，它可以对数据处理、清洗和转换等操作，提升数据质量和可用性。而该模块由商住建筑碳排放数据预处理和遥感图像数据预处理两部分组成，将碳排放数据经过预处理模块的操作，可以为后续算法提供高质量的数据支持，增加模型预测的精度。

**1. 商住建筑碳排放数据预处理**

为了获得精准的碳排放数据，商住建筑碳排放数据预处理主要包括数据的收集、清洗、处理和转换等工作。而数据预处理过程主要分为数据上传前和上传后两个部分。

对于数据上传前，为了方便数据保存，本文将传感器获取的数据进行精度转换和格式统一处理。例如，温湿度传感器通过获取环境外界温度与湿度，其精度可以到小数点后六位，但为了数据统一和规范，将温度、湿度和光照强度精确到小数后两位(如 25.11 ℃、63.56%、55.21 lux)。另外，本文将 PM2.5 和二氧化碳浓度均精确到个位数。如果出现数值异常的情况，设备会重新初始化，不会将异常数据写入存储卡。

当数据上传至数据库后，数据平台提供了一个数据预处理模块。而该模块执行的预处理处理不会修改数据库内的数据，将处理后的数据以 CSV 格式提供给用户下载。具体而言，数据预处理模块包括数据剔除、数据对齐、缺失值检测和数据偏移量调整等功能。其中，数据剔除操作可以筛选掉取值范围之外的数据，有效限制异常值的出现；数据对齐可以根据指定的时间间隔来获取数据，并对数据的采样间隔进行修改；缺失值检测主要用于查找因设备故障或其他原因导致的数值缺失，并统计数据缺失部分，方便后续数值的填补工作；数据偏移量调整能够将数据进行统一偏移量处理，以抵消因故障导致的数据偏差，使数据恢复到正常的水平。

**2. 遥感图像数据预处理**

本章研究的遥感图像数据预处理包括图像校正、图像镶嵌、图像裁剪和图像融合等步骤，由于遥感图像的数据量较大，无法直接在线进行处理。因此，该部分的预处理工作需要借助遥感软件 ENVI 来实现，再将处理后的数据输入到数据管理平台。

对于原始的遥感图像，普遍存在诸如几何形状误差和大气对光线传播影响误差等问题，需要先进行图像校正。在 Landsat 8 数据中，由于已经进行了几何校正和地形校正处理，因此只需要对遥感图像进行辐射定标和大气校正。而辐射定标是将传感器接收到的地物亮度值转换为绝对辐射亮度值，可以消除不同传感器之间的差异。另外，为了消除大气反射、吸收和散射等产生的误差，需要对遥感图像进行大气校正。因此，经过图像校正后的遥感数据亮度和清晰度都会有所增强。

图像镶嵌和拼接的操作是为了获取更大面积的遥感图像，一般可以使用直方图匹配方法来实现，其具体思想是首先统计两张遥感图像的直方图重叠区域，通过设置羽化距离完成拼接操作。然后，图像裁剪操作是利用行政区域边界信息来将遥感图像划分为各行政区域范围，从而可以更方便地进行针对性的分析和处理操作。最后，将多源遥感图像进行堆栈，可以生成包含多种信息的遥感图像，为后续的分析处理提供更为丰富的数据基础。

### 2.4.4 碳排放数据管理平台设计

本章对碳排放数据管理平台进行全栈开发，前端使用了一个轻量级且语法简洁的框架 Vue. js，可以方便输出碳排放的可视化内容。而后端使用了 Spring Boot，该框架集成了多个常用的功能，使得构建项目可以快速实现和部署。另外，数据库选用了 MySQL 进行碳排放数据的存储，主要考虑到了其卓越的性能和高可靠性，可以减少异常情况出现。

用户通过碳排数据管理平台的设备列表，可以观察到所有智能传感设备的运行情况，包括设备名称、拥有者(使用者)、所监测的商用建筑名称、地理位置和设备的在线状态。另外，管理员可以通过授权登录，用户进入设备列表可选择对应设备，然后选择提供数据时间段、数据预处理、数据分析和数据下载等功能。其中，数据时间段可选择观察数据范围，并按工作日和非工作日进行数据筛选。对于选定的数据，用户可以对其进行数据预处理，包括剔除数据、对齐数据、检测缺失值和调整数据偏移量。

经过预处理后的数据基本满足使用需求，同时平台还提供了简单的数据分析功能，包括数据达标率、数据对比图和温湿图等。数据达标率是指针对每一类采样数据设定最小值和最大值参数，计算其离群数据的占比，简单评估采集数据的质量。数据对比图能根据所选数据范围，按指定时间进行分段和对比，直观查询数据变化情况。此外，温湿图可以直接观察当前温度下的环境湿度范围。

## 2.5 多源碳排放数据平台实现

多源碳排放数据平台的实现主要围绕传感器的碳排放数据采集、处理和管理。其中，多源遥感图像与碳排放数据有所不同。遥感数据以年为单位，单个遥感数据文件较大，但整体文件数量较少。因此，遥感数据的处理是以文件形式单独保存，最后将数据记录写入数据库，并可在管理平台查询该数据。

## 2.5.1　商住建筑碳排放数据功能实现

**1. 碳排放数据采集**

通常在同一商住建筑中，部署多个智能传感设备使形成多节点监测，有效获取实际场景各类环境数据。智能传感器采集到的数据会经过嵌入式系统进行基本处理，随后上传到碳排放数据管理平台。根据图 2-6 所示的嵌入式系统面板数据中的嵌入式系统面板显示，可以确定设备正在采集数据，当前室内温度为 26.16 ℃，室内环境湿度为 39.91％，二氧化碳浓度为 400 ppm，光照强度为 23.33 lux，PM2.5 浓度为 25 ug/$m^3$。该设备检测到的环境光照强度较低，可能由于监测位置附近遮挡物过多，需要将传感器放置在合适的位置，以避免环境或人为因素对数据采集的干扰。

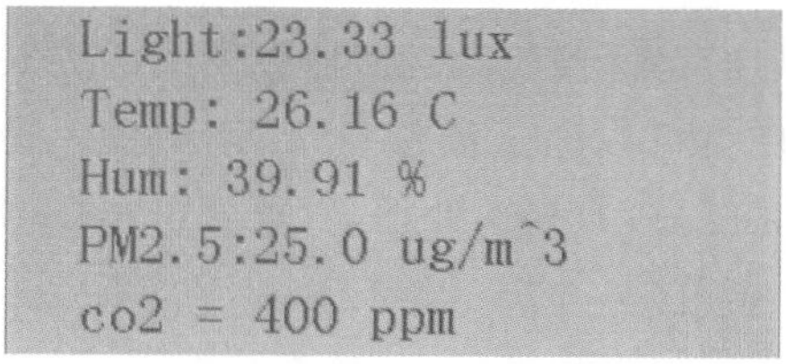

Light:23.33 lux
Temp: 26.16 C
Hum: 39.91 %
PM2.5:25.0 ug/m^3
co2 = 400 ppm

**图 2-6　嵌入式系统面板数据**

当智能传感设备一旦通电，便可正常运作，同时将采集到的环境数据会先写入设备存储卡中。等待连接到互联网后，数据自动上传到碳排放数据管理平台的数据库。在数据管理平台上，管理员可以查看和管理不同项目或商住建筑的设备运行情况。该平台的设备列表界面，如图 2-7 所示，用户通过该界面可以进行设备名称、设备拥有者或所在项目等条件的查询，并选择所需设备数据进行下载。

当用户进入下载界面后，右上方的数据加载界面会提示开始日期和结束日期。这两个日期决定了数据采集的范围，而参数筛选面板则决定了需要下载哪些类型的数据，具体如图 2-8 所示。

**2. 碳排放数据预处理**

碳排放数据管理平台提供了简单的数据预处理功能，包括数据剔除、数据对

CEMS | 设备 | 问卷 | 项目 | 成员 | 退出

设备列表

下载 | 对比数据 | 查看数据 | 检查状态

| □ | 设备名称 | 拥有者名称 | 关注者名称 | 类型 | 建筑 | 测点 | 所在项目 | 设备详细信息 | 状态 |
|---|---|---|---|---|---|---|---|---|---|
| □ | 22048 | 成员A | | CEM | | | 美狮美高梅 | | 在线 |
| □ | 22048 | 成员A | | CEM | | | 美狮美高梅 | | 在线 |
| □ | 22048 | 成员A | | CEM | | | 美狮美高梅 | | 在线 |
| □ | 22048 | 成员A | | CEM | | | 美狮美高梅 | | 在线 |
| □ | 22048 | 成员A | | CEM | | | 美狮美高梅 | | 在线 |
| □ | 22048 | 成员A | 成员B | CEM | | | 美狮美高梅 | | 不在线 |
| □ | 22048 | 成员A | | CEM | | | 美狮美高梅 | | 在线 |
| □ | 22048 | 成员A | | CEM | | | 美狮美高梅 | | 在线 |
| □ | 22048 | 成员A | | CEM | | | 美狮美高梅 | | 在线 |
| □ | 22048 | 成员A | | CEM | | | 美狮美高梅 | | 在线 |
| □ | 22048 | 成员A | | CEM | | | 美狮美高梅 | | 在线 |
| □ | 22048 | 成员A | | CEM | | | 美狮美高梅 | | 在线 |
| □ | 22048 | 成员A | | CEM | | | 美狮美高梅 | | 在线 |

**图 2-7 设备列表**

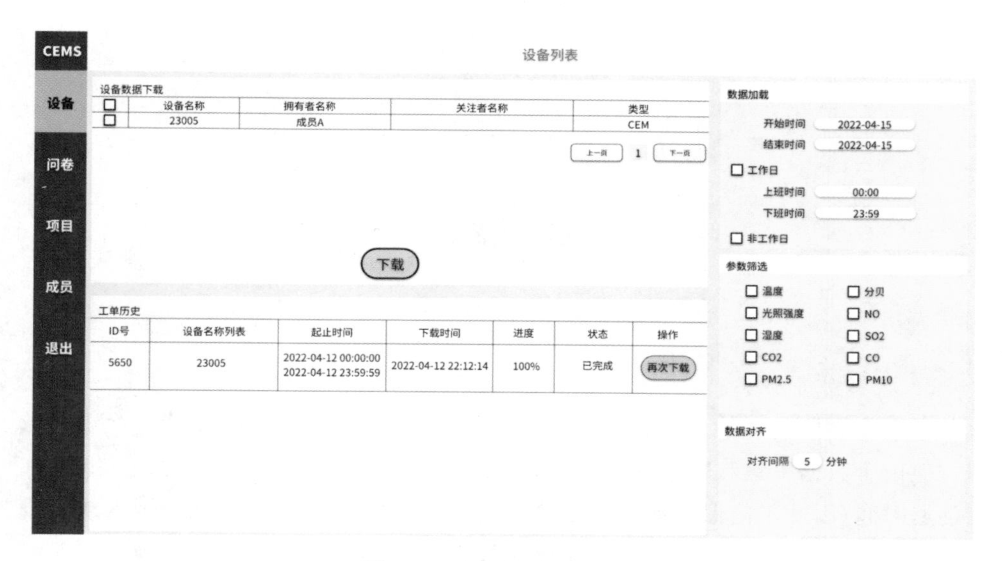


**图 2-8 设备数据下载界面**

齐、检测缺失值和数据偏移。另外，该平台还可以显示数据的折线图，方便用户观察采样数据的分布情况，并根据用户对采样数据的预处理进行实时修改。下面将分别介绍这四项功能。

1）数据剔除功能

在实际采样环境中，可能会出现人为干扰现象，如手机闪光灯影响设备的光线亮度采集，或短暂的强烈冷空气干扰设备的温度采集，导致采样数据出现离群值。而这些离群值可影响后续的数据分析，因此需要剔除这些数据，如图 2-9 所示。使用数据平台提供的数据剔除功能，可根据用户指定范围对采样数据进行筛选，仅保留范围内的采样数据点。被剔除的数据点并不会在数据库中删除，而只是在用户查询的采样数据点中被隐藏。这些点在实时折线图中也会被隐藏，从而能够由剩余的采样数据点重新构成折线图。

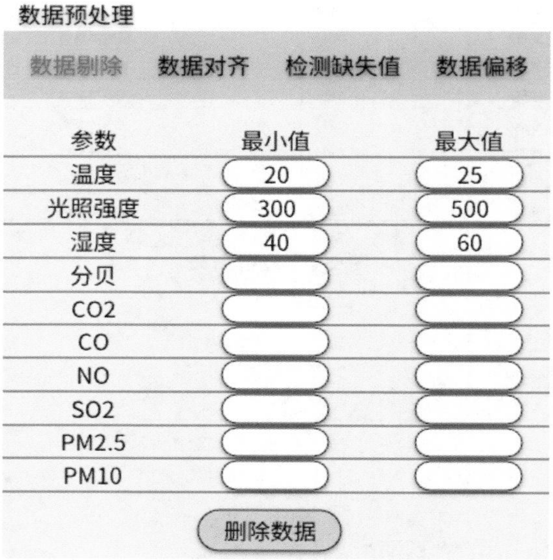

数据预处理

数据剔除　数据对齐　检测缺失值　数据偏移

| 参数 | 最小值 | 最大值 |
| --- | --- | --- |
| 温度 | 20 | 25 |
| 光照强度 | 300 | 500 |
| 湿度 | 40 | 60 |
| 分贝 | | |
| CO2 | | |
| CO | | |
| NO | | |
| SO2 | | |
| PM2.5 | | |
| PM10 | | |

删除数据

**图 2-9　数据剔除**

2）数据对齐功能

基于物联网的智能传感器作为数据采集设备，设计每 5 min 上传一次采样数据。但由于数据采集和网络延迟等原因，采样数据点的实际间隔常常是 5 min 加上延迟时间，因此不能保证数据点之间都是 5 min 的间隔。此外，场地因素或者设备故障等原因，使设备未必能一直保持在线状态。通过管理平台提供的数据对齐功能中，用户可以将数据对齐到指定时间间隔，其中预置时间间隔最小为 5 min，如图 2-10 所示。而内部数据对齐策略采用了最近邻插值法，选取对齐时间节点最近的采样数据点进行填充。

3）检测缺失值功能

由于检测设备不能一直保持在线的状态，容易导致某时间点的数据丢失。因此，为了确保数据的完整性，需要检测数据流中是否存在缺失值。在数据平台上的

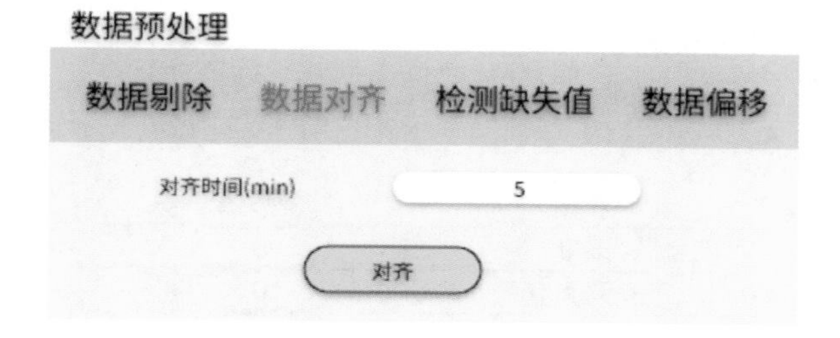


图 2-10　数据对齐

缺失值检测功能可以根据用户给定的最大时间间隔 $t$ min，然后检测数据中是否存在缺失值，如图 2-11 所示。

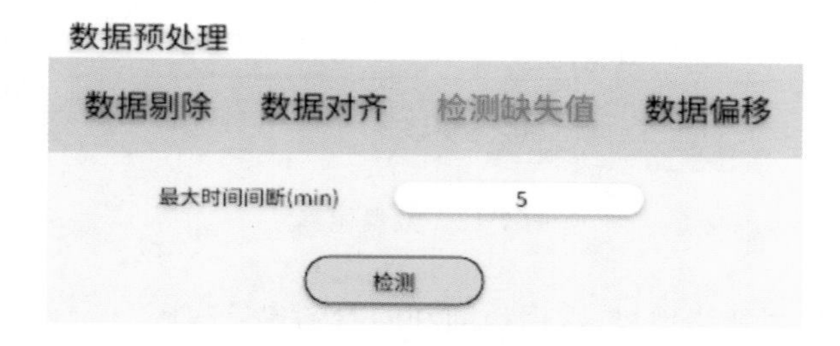


图 2-11　检测缺失值

假设在数据库中收集了 $N$ 个采样数据，这些数据按时间顺序排列，记为 $x_1$，$x_2$，$x_3$，…，$x_{N-2}$，$x_{N-1}$，$x_N$。为了检测缺失值，需要按照以下步骤进行：遍历这 $N$ 个采样数据点，将当前采样数据点记为 $T_n$。接着，检测数据流中是否存在 $T_n$ 后 5 min 至 $T_n+t$ min 的采样数据点，如果没有，则标记该时间段存在缺失值，并统计缺失值的数量。

4）数据偏移功能

由于不同气候类型的环境数据差值较大，因此这些数据很难直接进行比较。为了解决这种情况，需要进行数据偏移，而数据偏移是指将采样到的环境数据向上或向下偏移一定值，以使得不同地区的采样数据的曲线接近。具体来说，将不同地区的环境数据统一加上或减去用户指定的值，这样就能方便用户比较不同曲线之间的相关性，如图 2-12 所示。

**3. 碳排放数据查询与管理**

碳排放数据管理平台能为普通用户和管理员提供数据查询功能。管理员负责对管理平台数据库进行数据增加、删除和修改等管理操作。普通用户除了无法修

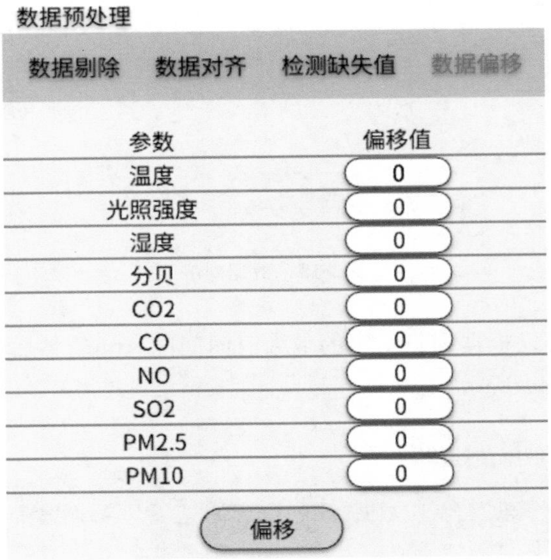
数据预处理
数据剔除
数据对齐
检测缺失值
数据偏移
参数
偏移值
温度
0
光照强度
0
湿度
0
分贝
0
CO2
0
CO
0
NO
0
SO2
0
PM2.5
0
PM10
0
偏移

图 2-12　数据偏移

改内容外,可以使用新建项目、数据访问和问卷创建等权限。

为了确保数据的安全性,不论是管理员还是普通用户,在访问数据平台前都需要先登录,如图 2-13 所示。在成功登录后,用户可在功能栏选择设备或项目进行数据查询,如图 2-14 所示。当选择了设备项,页面会展示设备列表,如图 2-15 所示。

CEMS
用户名
密码
登录
忘记密码
用户注册

图 2-13　登录界面

CEMS
设备
问卷
项目
成员
退出

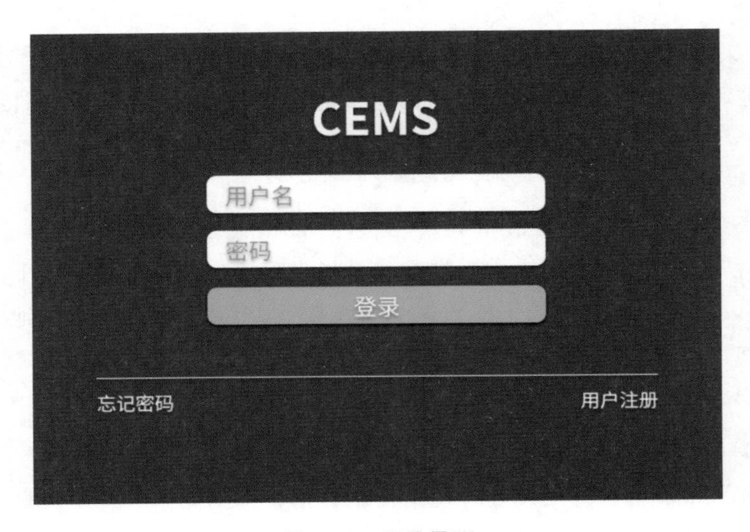

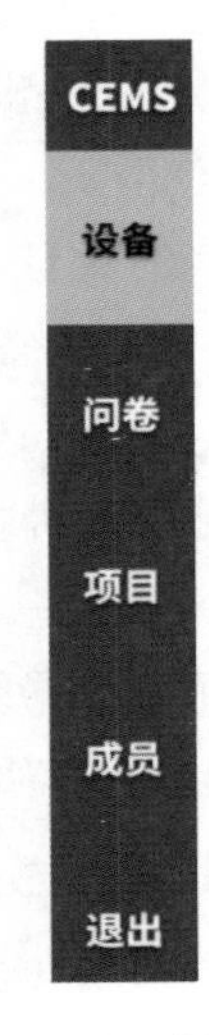

图 2-14　功能栏

CEMS　设备列表

设备　问卷　项目　成员　退出

下载　对比数据　查看数据　检查状态

| □ | 设备名称 | 拥有者名称 | 关注者名称 | 类型 | 建筑 | 测点 | 所在项目 | 设备详细信息 | 状态 |
|---|---|---|---|---|---|---|---|---|---|
| □ | 22048 | 成员A | | CEM | | | 美狮美高梅 | | 在线 |
| □ | 22048 | 成员A | | CEM | | | 美狮美高梅 | | 在线 |
| □ | 22048 | 成员A | | CEM | | | 美狮美高梅 | | 在线 |
| □ | 22048 | 成员A | | CEM | | | 美狮美高梅 | | 在线 |
| □ | 22048 | 成员A | | CEM | | | 美狮美高梅 | | 在线 |
| □ | 22048 | 成员A | 成员B | CEM | | | 美狮美高梅 | | 不在线 |
| □ | 22048 | 成员A | | CEM | | | 美狮美高梅 | | 在线 |
| □ | 22048 | 成员A | | CEM | | | 美狮美高梅 | | 在线 |
| □ | 22048 | 成员A | | CEM | | | 美狮美高梅 | | 在线 |
| □ | 22048 | 成员A | | CEM | | | 美狮美高梅 | | 在线 |
| □ | 22048 | 成员A | | CEM | | | 美狮美高梅 | | 在线 |
| □ | 22048 | 成员A | | CEM | | | 美狮美高梅 | | 在线 |
| □ | 22048 | 成员A | | CEM | | | 美狮美高梅 | | 在线 |

图 2-15　设备列表

该页面可以查询设备编号，从而获得该设备的位置、商住建筑名称、设备状态、设备拥有者和该设备所收集的数据。除了通过设备编号查询外，还可以通过项目名称进行搜索。

当点击某个项目名称时，用户可以进入该项目的详情页，如图 2-16 所示。该

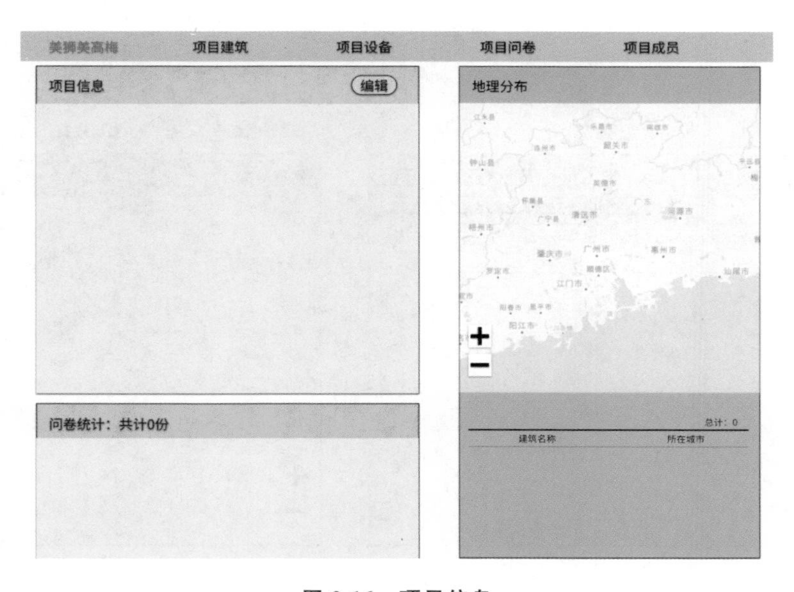


图 2-16　项目信息

页面展示了项目建筑、项目设备、项目问卷和项目成员的信息。此外，详情页记录了项目信息、所监测的商住建筑和使用设备的地理位置。其中，项目建筑主要介绍该项目负责的建筑名称和建筑所在城市。普通用户和管理员均可为该项目增加需要监测的建筑点信息，如图 2-17 所示。而项目设备则负责统计该商住建筑内放置的传感器设备个数和在线情况，用户可以通过该功能跳转至选择设备的数据查询页面，如图 2-18 所示。每个项目在创建时，用户需要选择加入的智能传感器设备。如果传感器设备不再负责监测任务，可使用回收设备功能删除记录。而且，项目设

图 2-17　项目建筑

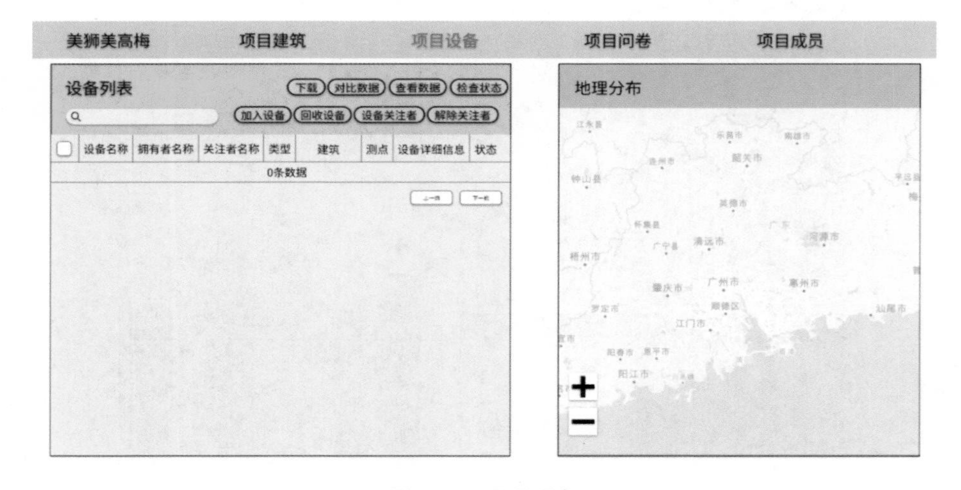


图 2-18　项目设备

备中也提供了项目问卷，如图 2-19 所示。此外，项目成员页面主要展示了该项目的现有参与人员与角色，如图 2-20 所示。项目创建者可随时为项目增加或删除成员，并为现有成员赋予或撤销管理员角色等操作。

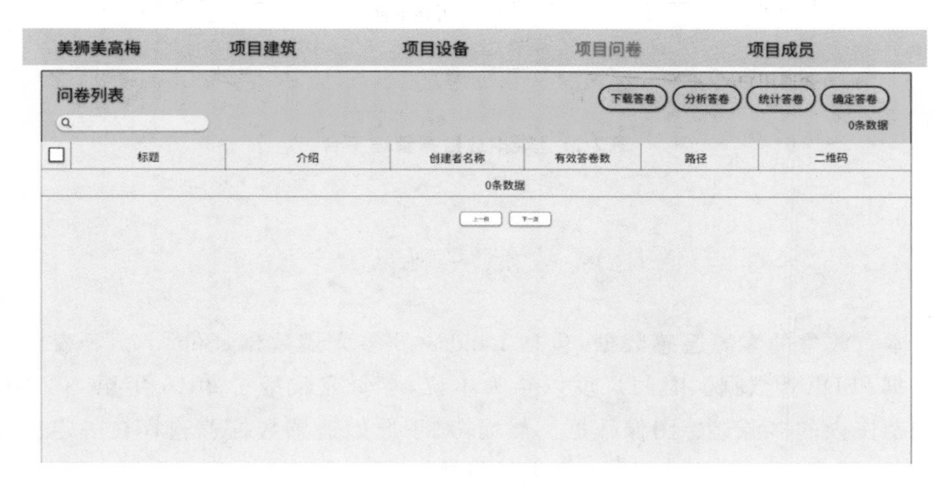


图 2-19　项目问卷

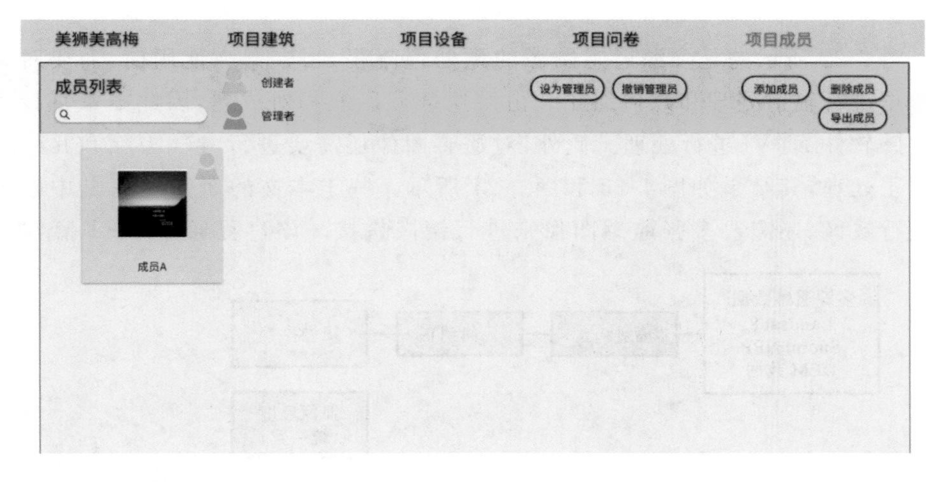


图 2-20　项目成员

图 2-21 所示的是本章数据管理功能的权限分配，管理员拥有增加、删除、修改和查询等权限，可以对数据平台中不同类型的数据进行收集、整理并存储在数据库中，如温度湿度、光照强度和二氧化碳等指标。此外，管理员需要定期对数据进行备份，以避免数据库故障导致数据丢失。

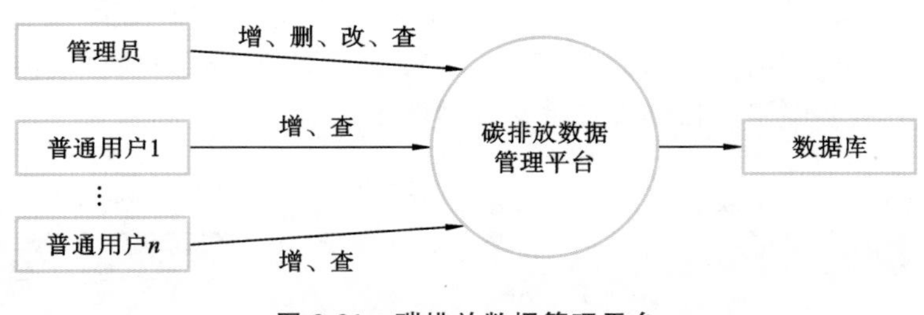


图 2-21 碳排放数据管理平台

## 2.5.2 多源遥感图像功能实现

本章收集的多源遥感数据，包括 Landsat 8 多光谱数据、Suomi NPP 夜间灯光数据和 DEM 数据。时间尺度以年为单位，本研究收集了 2015 年至 2022 年全国范围内的多源遥感图像数据。然而，对于原始遥感数据普遍存在一定质量问题，包括大气影响、几何失真、多区域拼接和多源数据尺度不一致等。因此，应用前必须对遥感图像数据进行一系列的图像预处理操作，以确保遥感图像的质量。

图 2-22 所示的是多源遥感图像的预处理流程，当数据在使用前，需要对原始数据进行辐射处理和几何纠正。由于这部分研究相对成熟，因此本章直接利用遥感软件 ENVI 进行处理。此外，对遥感图像还需要进行大气去除和几何失真纠正处理，其结果如图 2-23 和图 2-24 所示。基于本文的研究对象是中国各县级行政区，还需要多张遥感图像来进行镶嵌拼接。该过程通过 SIFT 算法完

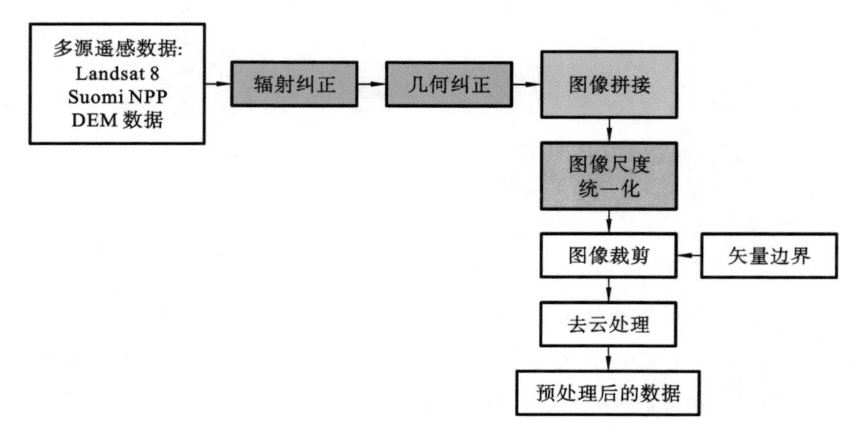


图 2-22 遥感数据预处理流程

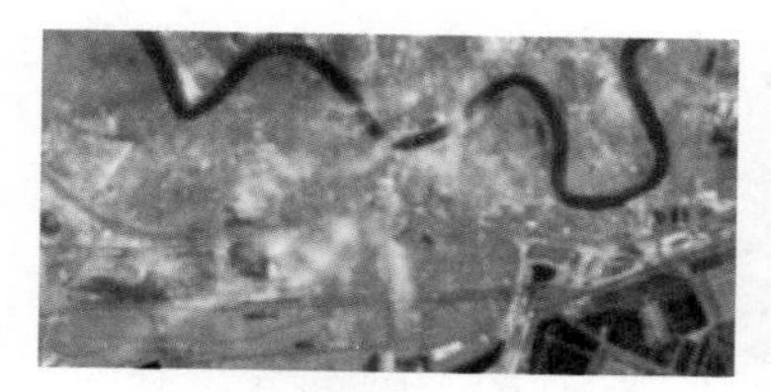

图 2-23　遥感图像的大气影响处理

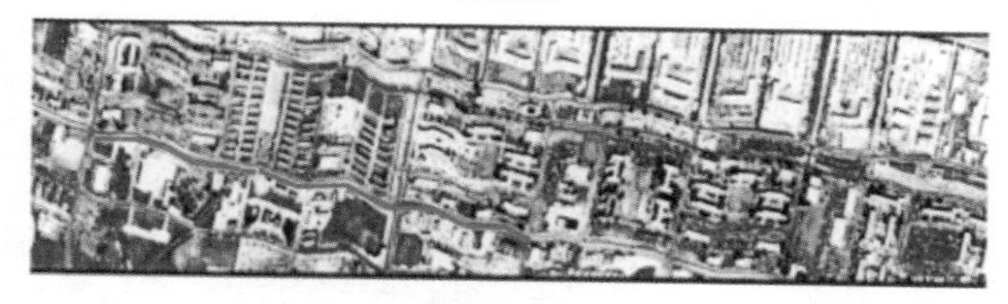


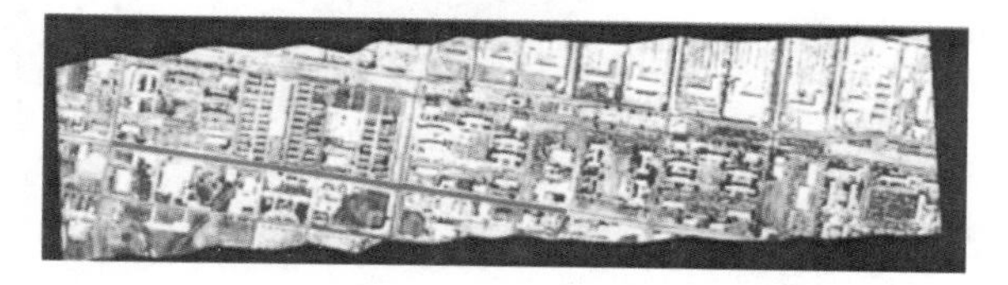


图 2-24　遥感图像的几何失真纠正

成，结果如图 2-25 所示。最后，必须统一多源数据的尺寸，以保证空间分辨率尺寸的一致性，即多张图像数据的尺寸都处于同一水平，如图 2-26 所示。对原始遥感数据进行多重处理，可以有效地提高数据质量，从而提取出更多有价值的信息。

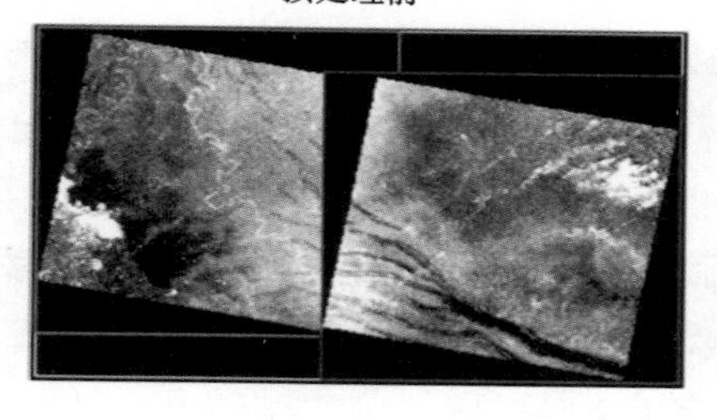


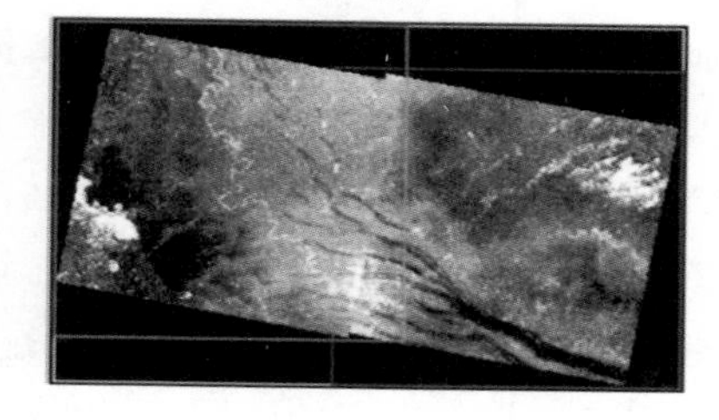


图 2-25　遥感图像的拼接

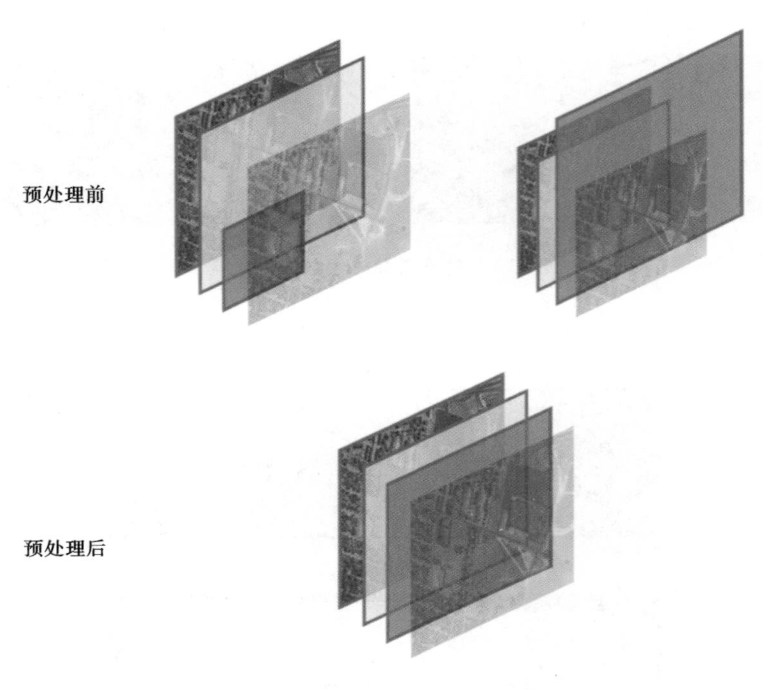


图 2-26　遥感图像尺度统一化

## 2.6　本章小结

本书的研究目标是从不同层面对我国的碳排放进行分析，在研究过程中，需要从大量环境数据中归纳出碳排放的规律，然后展开量化估算和定性分析的工作。而相关的碳排放数据具有大量、多样且不规范等特点，为了可以有效运用多源碳排放数据，本章设计与构建了一个多源碳排放的数据平台，其可以采集与管理来自于不同类型、不同结构和不同质量的碳排放数据。本研究对象主要有商住建筑碳排放和多源遥感图像等数据，所以数据平台整合了支持智能传感器的物联网系统与遥感数据的地理信息系统，实现商住建筑碳排放和遥感图像的数据采集、数据预处理和数据可视化等功能。通过多源碳排放数据平台的建立，解决了多源碳排放数据难以有序组织与应用的问题，可以为碳排放关联预测和研究提供了数据基础。

# 第3章

# 基于物联网的商住建筑碳排放预测研究

## 3.1 本章引论

根据《2020全球建筑现状报告》的统计数据，有关全球能源消耗及温室气体的碳排放占比中，建筑行业的碳排放量占整体量33%。而中国的建筑能耗正处于持续增长状态，在2017年中国建筑运行总耗能高达9.6亿吨标准煤，占全国能源消费总量五分之一[34]。随着城市化进程加快，商住建筑也会逐渐增多，未来建筑行业能耗和碳排放量增加会越来越快。因此，如果要早日完成双碳减排目标，对于客观科学地预测商住建筑碳排放是不可或缺的一环。

本章的研究目标是针对商住建筑碳排放预测模型进行构建与分析，其数据是通过智能传感器采集而来，再分别使用基于传统时间序列分析方法、机器学习的支持向量机回归算法和神经网络预测模型进行预测，并比较不同算法模型的优劣。根据实验结果显示，这些算法都存在一定的性能局限性。因此，本章提出了基于自注意力机制的多维度时间序列预测算法，该模型创新点在于考虑到不同时间周期的碳排放趋势特征，无需对数据样本进行归一化处理。而模型算法结合使用前序编译码预测器，构建了一个深度自注意力变换网络。在实验部分，将所提出的方法分别应用到中国不同地区的商住建筑来预测碳排放，实验结果证明本章算法具备良好的鲁棒性和泛化能力。

## 3.2 研究背景与相关工作

自21世纪以来，中国碳排放量增长迅速，占全球总排放量的比例较重。在碳中和目标下，商住建筑碳排放的优化是节能减排的关键环节。因此，通过基于物联网传感设备采集的商住建筑碳排放数据，可以结合算法来预测和分析未来一段时间内的商住建筑碳排放量，为不同地区的商住建筑特点制定合适的节能减碳路线，以快速实现碳中和的目标。

### 3.2.1 传统时间序列分析

时间序列是一系列按时间顺序排列的数据点集合，每个数据点均有其相应的时间节点。相比其他类型的序列数据，时间序列数据蕴含一些待提取的特性，如周期性和平稳性。时间序列分析方法可分为描述性时间序列分析和统计时间序列分析，前者主要用于初步数据分析，后者则用于深层时序规律的分析。描述性时间序列分析是早期最常用的时间序列分析方法，可追溯到农耕时代，人们通过记录数据和简单绘图，从而寻找出序列中潜藏规律。但随后，人们意识到这种方法的局限性，简单观察与描述总结不足以得出复杂时间序列的变化规律。于是，统计时间序列分析方法应运而生，着眼于内部序列数据的分析。统计时间序列分析方法可用于频域和时域，但频域分析方法的结果较为抽象且计算相对复杂，因此本章节将主要介绍统计时间序列的时域分析方法。

在传统时间序列分析中，比较基础的模型包括自回归(Autoregressive，AR)模型、移动平均(Moving Average，MA)模型以及两者结合的自回归移动平均(Auto Regression Moving Average，ARMA)模型。后续研究者总结前人在时序分析上的成果，对自回归移动平均模型进行改进，引入差分概念，从而提出了求和自回归移动平均(Autoregressive Integrated Moving Average，ARIMA)模型[93][94]。往后的研究人员提出了各种异方差模型，如自回归条件异方差模型(Autoregressive conditional heteroskedasticity，ARCH)和广义自回归条件异方差(Generalized Autoregressive conditional heteroskedasticity，GARCH)模型等，都是对经典求和自回归移动平均模型的一种补充。此外，有部分学者将时间序列分析应用于实际场景，如股票价格预测[95]等。

本章所使用的传统时间序列分析模型为ARIMA算法，其具体表达式如下：

$$Y_t = c + \phi_1 * Y_{t-1} + \cdots + \phi_P * Y_{t-P} + \theta_1 * e_{t-1} + \cdots + \theta_q * e_{t-q} \tag{3-1}$$

式中：$c$表示为常量；$\phi$表示AR($p$)自回归模型系数；$\theta$表示MA($q$)移动平均模型系数；$Y$和$e$分别表示AR和MA对应的时间节点参数；$p$表示AR的定阶数；$q$表示MA的定阶数。

本章节使用ARIMA模型来拟合商住建筑的碳排放情况，具体流程如图3-1所示。该模型需要对碳排放数据进行以下几个步骤的研究。

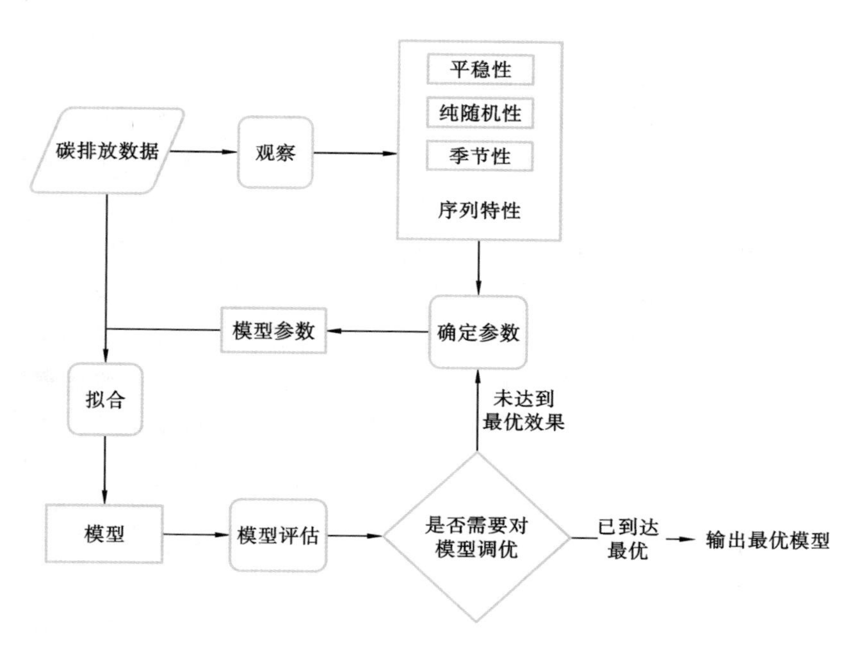


图3-1　传统时间序列分析流程

(1) 观察和记录碳排放数据的序列特征，如平稳性和随机性等。

(2) 根据碳排放数据的序列特征，选择合适的时间序列模型进行拟合。

(3) 调整模型参数以确保较好地拟合碳排放数据。

(4) 对模型进行评估和优化。

(5) 记录最优模型参数，并使用该模型对其他地区的商住建筑碳排放进行预测分析。

### 3.2.2 支持向量机

传统时间序列分析模型虽然在仿真的线性序列或平稳序列中拟合效果好且可解释,但其局限性非常明显。首先,模型的训练数据量不能过大,否则会难以计算。其次,商住建筑碳排放的时间序列数据并非简单的平稳序列,因此需要对数据进行预处理,如差分运算等,以提取出非平稳时间序列的趋势或周期,达到差分平稳的状态。不过,差分运算会导致信息损失,从而影响预测精准度。

支持向量机是一种基于统计学习的二分类算法,可用于分类模型构建,也可应用于回归预测。当问题是线性可分时,支持向量机通过构建一个决策平面将数据分成两种不同集合。如果样本涉及非线性问题,则需要将数据转换为非线性核函数,并映射到高维空间,从该高维空间构建一个超平面尽可能地将样本分开。因此,支持向量机也称为最大间隔分类器。常用的支持向量机核函数有四种,分别是线性核函数、多项式核函数、径向基核函数和 Sigmoid 核函数,而支持向量机模型的性能取决于核函数的选择。本章节针对机器学习预测部分,使用支持向量回归(Support Vector Regression, SVR)模型[96][97]对商住建筑碳排放进行预测。该回归算法是支持向量机算法的一种分支,其中径向基核函数是所选择的核函数,适合处理非线性数据样本。SVR 支持向量回归的表达式如下:

$$f(x)=\sum_{i=1}^{m}(\hat{a}_i-a_i)K(x,x_i)+b \tag{3-2}$$

式中:$K(x,x_i)$表示支持向量使用的核函数;$b$ 为常量;$\hat{a}_i$ 和 $a_i$ 表示拉格朗日乘子;$m$ 为样本点的数量。

本章节中基于机器学习算法采用了支持向量回归模型进行预测。SVR 模型的预测流程如图 3-2 所示,具体算法流程如下。

(1) 对商住建筑碳排放数据进行预处理,包括数据清洗、缺失值检测与填补等前期工作。这是为了排除噪声干扰,降低模型拟合误差并提高模型性能。

(2) 分析商住建筑碳排放数据分布,根据曲线形状的特点选择适合的核函数。同时,预估各项超参数最优解的取值范围。

(3) 确定核函数并训练 SVM 模型,使用网格搜索法在预估的超参数取值范围内进行最优参数搜索。将商住建筑碳排放数据划分为训练与测试两部分,其中训练数据用于网格搜索法搜索最优参数,而测试数据则用于评估模型的泛化能力。模型的评价指标采用平均绝对误差百分比,该指标能更好地表达模型的拟合程度。其数值越低,说明拟合程度越好。

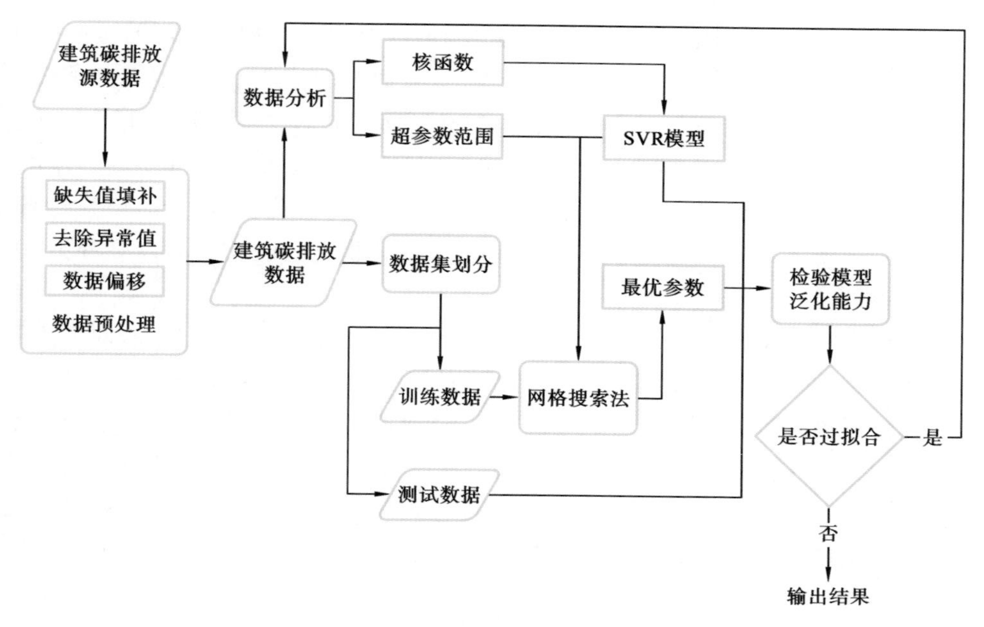


图 3-2　支持向量回归模型的预测流程

(4) 搜索最优参数并输出最优模型，通过测试数据的预测，验证模型的泛化能力。若模型在测试数据中表现不佳，则说明最优参数存在过拟合情况。此时需要加大模型的误差惩罚系数，并重新寻找最优参数。

### 3.2.3　神经网络预测方法

神经网络是模拟人脑神经元互相连接的一种模型，通过权重值修改和自我调节，使神经网络模型参数获得训练。该模型可以完成对现实的抽象描述及对时序数据的感知，从而能够对时间序列走势进行分析和预测。与传统的时间序列分析和基于机器学习的回归方法相比，神经网络在拟合程度和模型的泛化性方面表现更为出色。目前，常用于时间序列预测的神经网络模型有循环神经网络（Recurrent Neuron Network，RNN）[98][99]以及由RNN衍生出的变体模型——长短时记忆网络（Long Short-term Memory Network，LSTM）[100]。

循环神经网络相比于其他前向神经网络的优势在于循环神经网络的神经元之间具有时序性。在RNN中，当前位置神经元的计算会受上一个神经元输出的影响。这种特性使RNN在处理带有序列特性的数据时表现更加出色，而且常用于

前后信息有相关性的任务，如自然语言处理、语音识别和实时交易预测等。然而，RNN 也存在不足之处，因为 RNN 的内部结构存在时序性，神经元需要按照时间节点顺序进行计算，所以在梯度计算过程中，先前时刻的神经元梯度是基于链式求导法则得到的，但该梯度计算会变得相当复杂。而后面的梯度下降算法更新权重时，由于靠后时间节点的梯度占比过大，使得先前时间节点的梯度几乎失去作用。因此，一般的 RNN 记忆状态的数量不能过多，否则它无法获取过早的信息状态。正因为这种现象的存在，学者们相继研究出了变体模型，即 LSTM，以弥补 RNN 模型的不足。

如图 3-3 所示，LSTM 模型具有三个特殊的门控机制，可以对过去时间节点的记忆和当前时间节点的记忆进行加权融合，从而控制这两种记忆对下一个时间节点预测的影响。因此，相比于 RNN 模型，LSTM 模型能够利用更多、更早的时序信息，使得整个神经网络能够处理更长的时间序列。此外，门控机制能够对过去时序信息进行过滤，将不重要或有干扰信息进行剔除，有效减轻 LSTM 模型对大量时序信息记忆的压力。这也使得 LSTM 模型能够缓解梯度爆炸和梯度消失等问题，并提升模型的学习能力[101]。

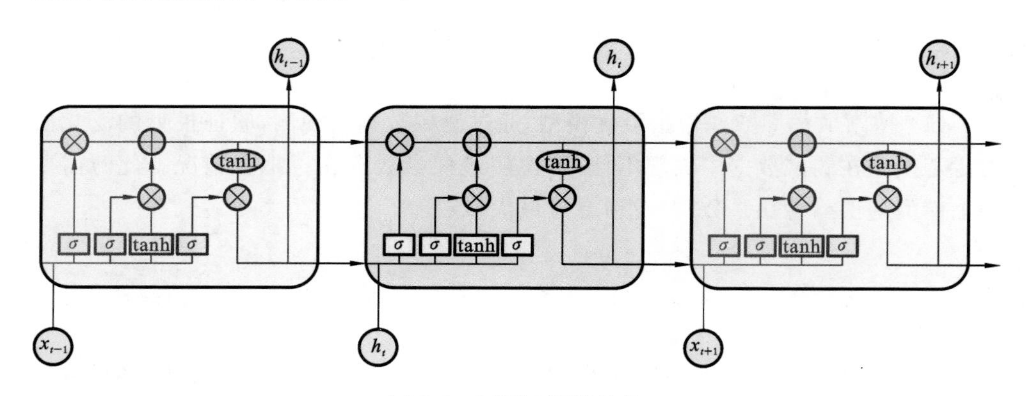


图 3-3　LSTM 网络结构

当数据样本差异较大时，若不对其进行归一化处理，则 LSTM 无法学习到数据中的隐含时序信息，同时无法很好地对训练数据进行拟合，如图 3-4 所示。然而，经过归一化处理后的样本，可以使 LSTM 模型更好地拟合训练数据，示例如图 3-5 所示。值得注意的是，在实际应用场景的数据归一化处理也可能面临计算问题。当可用数据量太少时，无法从样本中获得准确且有代表性的均值与方差，此时数据归一化的结果偏差较大。预测结果如图 3-6 所示，使用不准确的归一化值同样无法得到准确的预测数据。

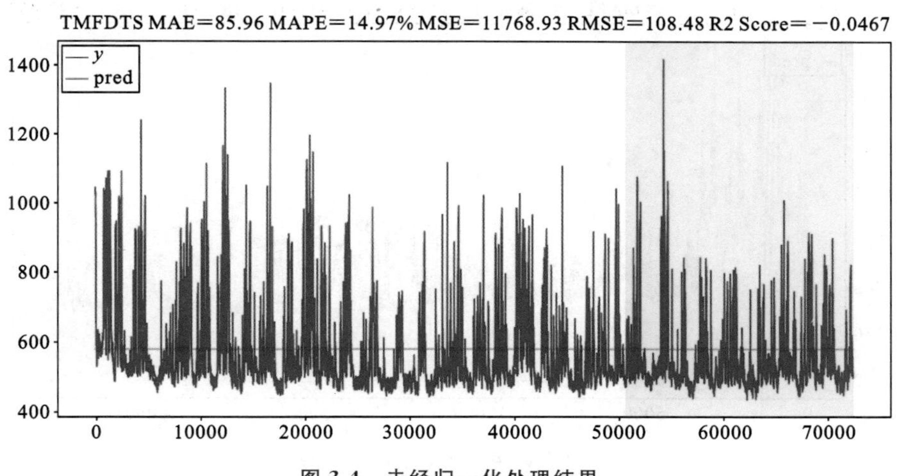


图 3-4　未经归一化处理结果

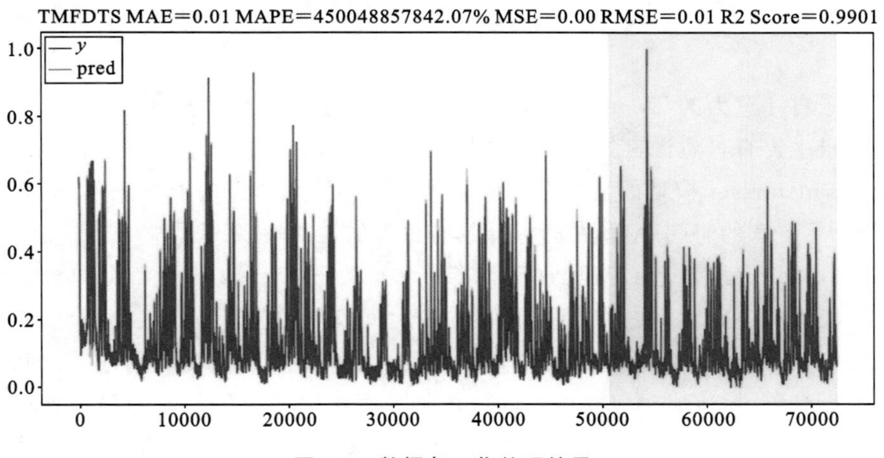


图 3-5　数据归一化处理结果

针对数据归一化问题，本章设计了一个基于多维时间序列商住建筑碳排放数据预测算法，该算法无须在数据归一化的情况下，对商住建筑碳排放数据进行拟合。模型的输入不仅包含原始的碳排放数据，还会计算该数据的短期、中期和长期移动平均值作为辅助数据输入，从而学习不同周期的时间序列特征。算法模型的特征提取主要通过编码器-解码器结构进行学习和预测，再使用全连接层进行回归输出。

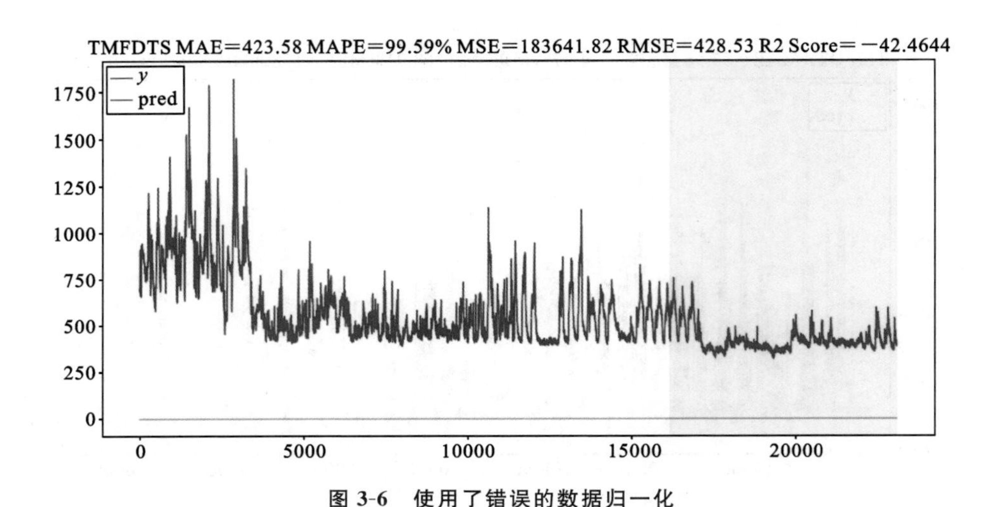


图 3-6　使用了错误的数据归一化

## 3.2.4　Transformer 模型

基于自注意力的 Transformer 模型被广泛用于时间序列分析建模，其常用的应用场景主要有自然语言处理和计算机视觉等领域。相较于基于循环神经网络的模型，Transformer 模型的自注意力机制可以捕捉长期和短期依赖关系，同时能够处理更大、更宽的时间序列数据，因此具有更好的性能表现[102]。

Transformer 模型由编码器（Encoder）和解码器（Decoder）两部分组成。除了输入一段时间序列数据之外，还有一段对应时间长度的位置编码共同组成，它提示了 Transformer 模型对这些数据的先后关系。编码器部分负责对输入的时间序列数据进行编码，并生成对应的编码信息矩阵。而解码器部分则对编码信息矩阵进行处理，根据该矩阵内的信息逐个输出后续结果。Transformer 模型的大致流程如图 3-7 所示。

图 3-7　Transformer 模型流程图

编码器和解码器内含有多个自注意力机制，有助于模型捕捉序列数据内的长期和短期依赖关系。而自注意力机制可分为以下两步完成。

（1）对输入数据进行三种不同的线性变换，生成查询矩阵 **Q**、键值矩阵 **K** 和数值矩阵 **V**。

（2）使用 **Q**、**K**、**V** 计算注意力矩阵 **Z**。具体的自注意力机制流程如图 3-8 所示。

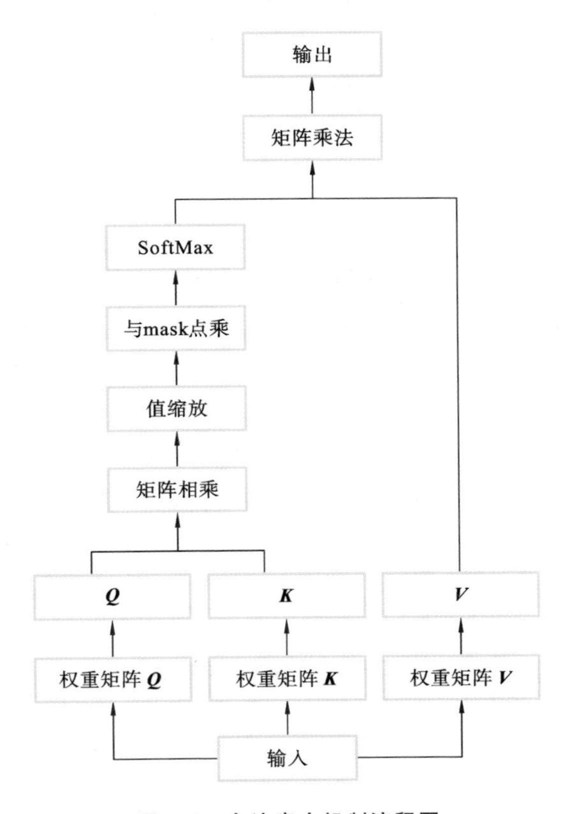


**图 3-8　自注意力机制流程图**

为了让模型学习到更多不同时间模式的关系特征，一个输入数据会同时通过多个平行的自注意力模块。再将结果进行合并和线性变换操作，最终融合得到注意力矩阵 **Z**，这也称为多头自注意力机制。其详细流程如图 3-9 所示。

本章研究了算法的通用性问题，即如何将算法模型迁移到不同气候地区，实现商住建筑碳排放的预测。在多维度时间序列算法的基础上，本章融合了多种环境因素，如光照强度、空气湿度和悬浮颗粒等数据来辅助模型预测。具体研究细节将在 3.5 章节介绍。实验结果表明，本章提出的多因素多时间维度算法具有很好的泛化能力，并可以将模型应用到不同气候地区的商住建筑碳排放预测，且表现出良好的拟合能力。

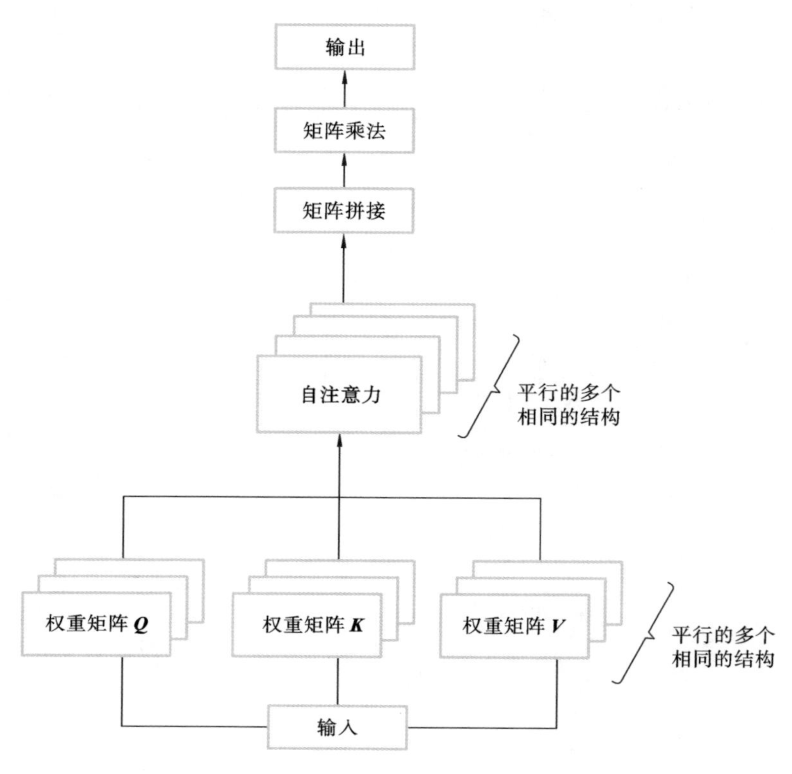


图 3-9 多头注意力机制流程图

## 3.3 基于差分自回归移动平均模型的商住建筑碳排放预测

本章研究对象为华北地区一处商住建筑的碳排放监测数据，有关数据选定原则是采集点的环境数据需具有显著性特征，能够很好地反映出碳排放趋势，并有利于预测分析。而数据采样时间跨度为 2021 年 1 月 20 日至 2021 年 11 月 12 日，其采样间隔为 5 min 的商住建筑环境信息。研究目标是通过分析环境中的二氧化碳浓度，挖掘该商住建筑的碳排放规律，并预测未来一段时间的碳排放值。在短时间内，商住建筑的二氧化碳浓度变化不大。因此，在构建模型之前，先对二氧化碳浓度数据进行了一小时的合并采样处理。

本节旨在通过构建ARIMA模型，拟合商住建筑二氧化碳浓度的变化趋势，并预测未来一段时间的数值变化。首先，从前面部分提供的多源碳排放数据平台中获取商住建筑的环境数据，该数据基于智能传感设备采集。对于碳排放数据需要异常值修正和空缺值填补等清洗处理，然后通过重采样操作得到了每小时的二氧化碳浓度值 $T_c$，共有6033个样本点。

根据碳排放 $T_c$ 时序图，可以观察该序列的平稳性和随机性等特征。一般来说，平稳序列的时序图是围绕一个常数值上下随机波动，而非平稳序列则可能具有上升或下降的趋势性，或者呈现上下交替波动的周期性。如果无法通过时序图确定序列的平稳性，可以观察其自相关性。通常平稳序列的自相关系数会随着延迟因子的增加而快速衰减到零附近，而非平稳序列则会表现出不同趋势。

通过碳排放 $T_c$ 的时序图(见图3-10(a))，无法直接看出该序列是否平稳。因此，需要结合其自相关图(Autocorrelation)进行分析。具体而言，参考图3-10(b)和图3-10(c)中的自相关图，透过自相关图可以观察到自相关系数未随着延迟因子迅速衰减至零，初步可以判断该时间序列为非平稳时间序列，不过需要进一步研究其内在关联特征。在建模之前，考虑该序列的季节性因素，并进行季节性差分处理以消除季节性对结果的影响。

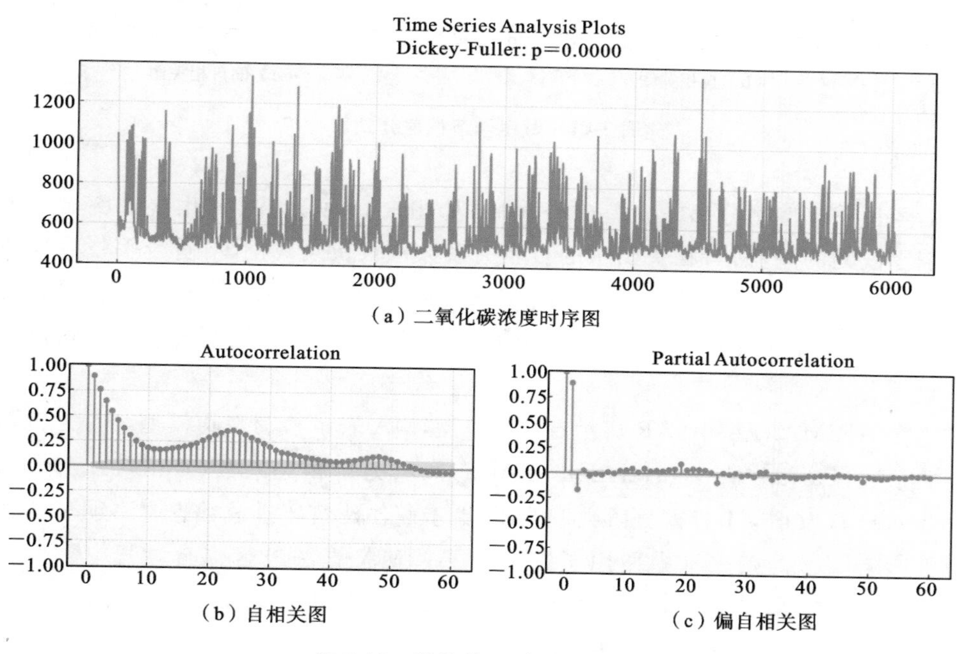


(a) 二氧化碳浓度时序图

(b) 自相关图

(c) 偏自相关图

图3-10 碳排放 $T_c$ 相关时序图

如图 3-11(b)和图 3-11(c)所示，对二氧化碳浓度的时序进行季节性差分处理后，成功消除了数据中的季节性影响。不过需要注意的是，自相关图中仍然存在许多滞后点。为了排除该滞后点的干扰，需要再对数据进行一阶差分处理。

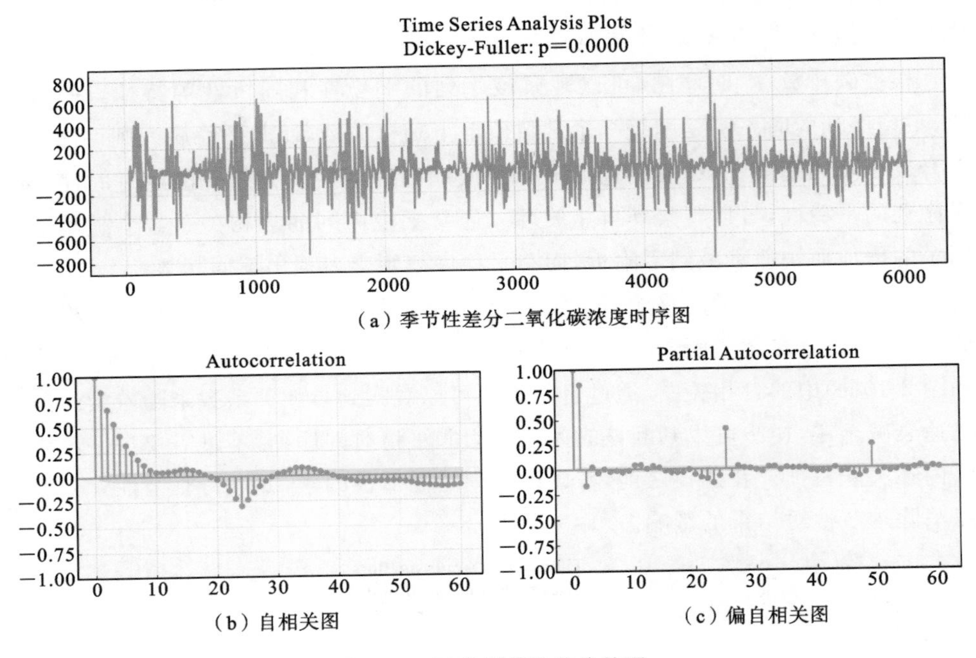


(a) 季节性差分二氧化碳浓度时序图

(b) 自相关图

(c) 偏自相关图

**图 3-11　时序季节性差分处理**

经过季节性差分和一阶差分处理后，如图 3-12 所示，二氧化碳浓度显示出围绕零波动的趋势，自相关图中的自相关系数也很快衰减至零，符合平稳序列的重要条件。因此，可以认为完成了对该碳排放序列的季节性差分和一阶差分处理，使其具备了平稳性。然后，可以根据该序列的特征选择适当的时间序列模型进行拟合。

在 ARIMA 模型中，AR 表示自回归模型，MA 表示移动平均模型，$p_{\mathrm{AR}}$ 为偏自相关系数(Partial Autocorrelation, PACF)，$q_{\mathrm{MA}}$ 为自相关系数(Autocorrelation, ACF)，$I(d)$为非季节性差分阶数。然而，由于商住建筑碳排放数据具有明显的季节性影响，因此，在本章中使用了季节性 ARIMA 算法进行拟合。其中季节性 ARIMA 的参数，包括有季节性 AR 的偏自相关系数 $P_{\mathrm{SAR}}$、季节性的差分阶数 $D$ 和季节性 MA 的自相关系数 $Q_{\mathrm{SMA}}$。

通过观察图 3-12(b)中的自相关和图 3-12(c)中的偏自相关时序，可以发现

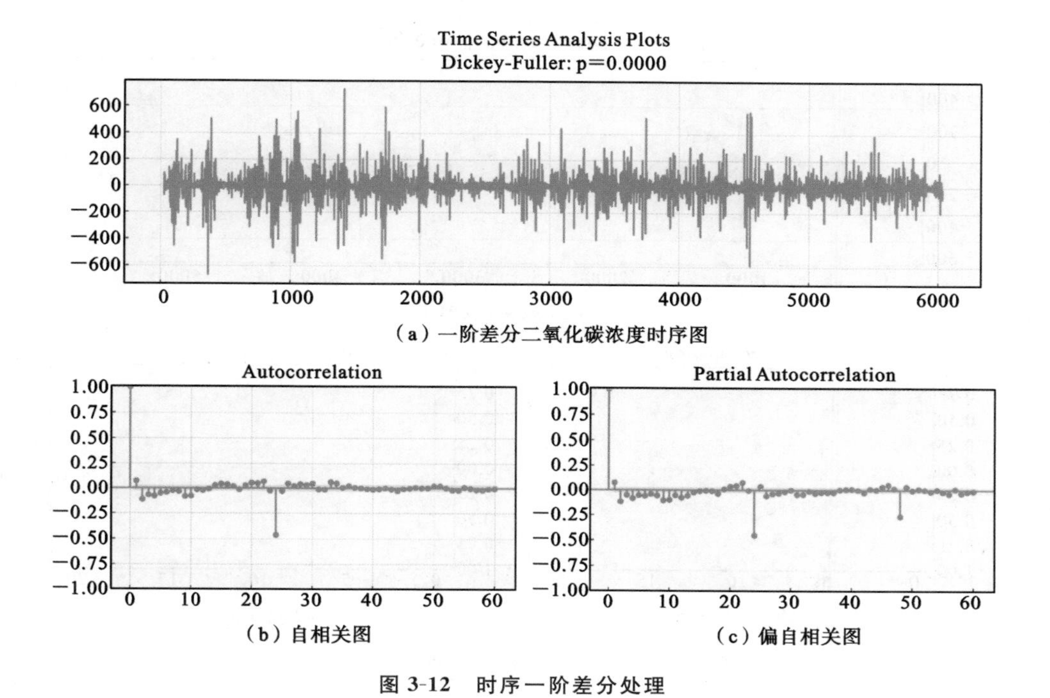

（a）一阶差分二氧化碳浓度时序图

（b）自相关图

（c）偏自相关图

图 3-12　时序一阶差分处理

$p_{AR}$的最优值为 2。由于进行了一次差分处理，因此 $d$ 为 1。另外，$q_{MA}$的最优取值为 4，而 $P_{SAR}$的取值为 2。在图 3-11(c)的 PACF 图中，第 24 个和第 48 个之后出现的点比较明显，因此选择 2 作为 $P_{SAR}$的取值。对于一次季节性差分，$D$ 的取值为 1。此外，$Q_{SMA}$的取值为 1，因为第 24 个滞后点十分明显，但第 48 个并不明显。

大致确定季节性 ARIMA 模型的初始参数后，接下来可以进行小范围的参数搜索，找出最优的参数组合。本章节将普通 AR 的参数 $p_{AR}$设置在(1,5)范围内，将普通 MA 的参数 $q_{MA}$设置在(2,6)范围内，对季节性 AR 的参数 $P_{SAR}$设置在(0,3)范围内，而季节性 MA 的参数 $Q_{SMA}$则设置在(0,2)范围内。在这个范围内调整模型参数，可以保证碳排放数据得到更好的拟合。

通过参数调整和网格搜索的迭代过程，确定了最优的 ARIMA 模型参数为 ARIMA(2,1,4)(2,1,1)，其中前者表示非季节性参数，后者表示季节性参数。另外，通过观察图 3-13 中有关模型残差分布的结果，发现无论是自相关图还是偏自相关图，都没有明显的自相关表现。因此，该模型是有效并可以用来对商住建筑的碳排放数据进行预测分析的。

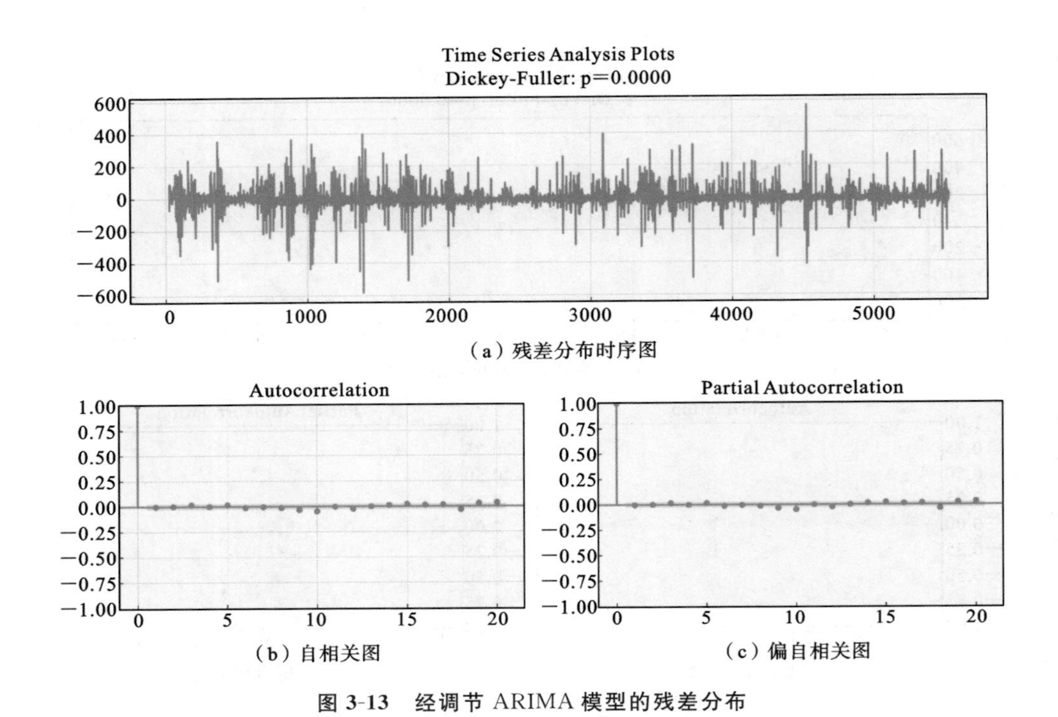

(a) 残差分布时序图

(b) 自相关图

(c) 偏自相关图

图 3-13 经调节 ARIMA 模型的残差分布

## 3.4 基于支持向量回归算法的商住建筑碳排放预测

本章的研究工作是基于机器学习的支持向量机算法，将其应用于回归预测任务。对于输入数据部分，本节选择了华北地区某一商住建筑。在构建 SVR 模型之前，需要进行数据预处理，如数据清洗等前期工作，以确保碳排放数据不含无效值和缺失值。而本章节的缺失值使用插值方式填充，同时剔除无效值，尽可能减少噪声对模型的干扰，并提高模型拟合性能。然后建立支持向量回归的碳排放预测模型。

本研究将清洗后的商住建筑碳排放数据按时间排序，根据其非线性分布的特点，选择径向基函数作为 SVR 碳排放预测模型的核函数。然后，再根据数据特点默认各项超参数取值范围，如径向基核函数的 gamma 值以 10 为底，其指数范围定在 −6 到 6 之间，再对 gamma 值的范围进行网格搜索。由于惩罚系数 $C$

过高会使模型过拟合，因此 $C$ 选择默认参数 1，不参与到网格搜索。若模型在训练集中欠拟合或在测试集中出现过拟合，则调整惩罚系数并重新进行网格搜索。

本研究将清洗后的商住建筑碳排放数据按时间排序，选择径向基函数作为 SVR 碳排放预测模型的核函数，因为数据呈现出非线性分布的特点。接着，根据各项超参数默认的取值范围，选择径向基核函数的 gamma 值区间定为以 10 为底，指数范围为 $-6$ 到 6，并对 gamma 值的范围进行网格搜索。惩罚系数 $C$ 选择默认参数 1，不参与网格搜索，因为较高的惩罚系数 $C$ 可能会导致模型过拟合。如果在训练集中出现欠拟合或在测试集中出现过拟合，则需要重新进行网格搜索，调整惩罚系数。在选择核函数后，使用网格搜索法进行最优参数搜索，即模型的训练过程。需要注意的是，要将碳排放数据划分为训练集和测试集，其中测试集包含所有数据中最后的 504 个采样点，而训练集则包含剩余的 5529 个数据点。在训练集中进行网格搜索法迭代计算最优参数，然后使用测试集评价模型的性能和泛化能力。除了拟合优度（Coefficient of determination，$R^2$）外，本章还采用了平均绝对误差百分比（Mean Absolute Percentage Error，MAPE）作为指标，以衡量模型的预测程度。MAPE 的数值越低，说明模型的拟合程度越好。

## 3.5 基于多维度时间序列的商住建筑碳排放预测算法

差分自回归移动平均模型对数据有一定的要求，并且无法应对时间序列存在短期、不可预期和随机等因素的影响。因此，在对模型进行参数选择之前，必须确保时序数据处于平稳状态。另外，差分自回归移动平均模型在本质上仅适用于捕捉数据中的线性关系，难以处理非线性关系，更难以预测拐点，因此在碳排放预测中表现可能相对较差。尽管本章尝试使用支持向量回归算法对商住建筑碳排放进行预测，其模型评价指标稍优于差分自回归移动平均模型，但该算法还存在一定局限性。在大规模训练样本下，训练时间过长，而且模型难以捕捉数据中的非寻常拐点。

为解决以上问题，本章提出了单因素多维度时间序列预测算法（Transformer on Multi-dimension Time Series，TMTS）和其拓展的多因素多维度时间序列预测算法（Transformer on Multiple Factor and Dimension Time Series，TMFDTS）。该算法旨在改善时间序列中无法捕捉的非线性关系和拐点预测精度较低的问题。

## 3.5.1 单因素多维度时间序列预测算法

本章提出的 TMTS 模型针对 4 组输入数据进行处理，包括原始数据、短期、中期和长期移动均线数据。该模型为每个输入分配了一个等长的时间节点标识，并分别生成一个二维变量矩阵。这些变量经过一维卷积层进行升维编码，从而获得初步的时序特征信息。然后，将 4 个不同维度的编码拼接在一起，再经过一维卷积层进行融合降维，即可得到带有时序信息的内容编码。此外，利用位置编码器对时间节点标识进行编码，得出时序信息的位置编码。将内容编码与位置编码结合成总编码，再进入解码器结构中获得一个高维度的输出结果。最后，使用全连接层对结果进行降维并输出结果。算法 1 为单因素多维度时间序列预测算法的伪代码。TMTS 模型的整体网络结构如图 3-14 所示。

算法 1　单因素多维度时间序列预测算法

输入：迭代次数 $epoch$，学习率 $l_r$，模型参数 $w$，模型 $G$，时间序列 $S$，短期 $S_T$，中期 $M_T$，长期 $L_T$，损失函数 $l$

输出：碳排放预测

1：//数据预处理

2：function DataPreprocessing $(S, S_T, M_T, L_T)$

3：　　　for $s \in S$ do

4：　　　　//短期均值偏移

5：　　　　$S_s \leftarrow mean\_shift(s, S_T)$

6：　　　　//中期均值偏移

7：　　　　$M_s \leftarrow mean\_shift(s, M_T)$

8：　　　　//长期均值偏移

9：　　　　$L_s \leftarrow mean\_shift(s, L_T)$

10：　　　$D \leftarrow concatenate(s, S_s, M_s, L_s)$

11：　　end for

12：end function

13：

14：//将数据拆分为训练数据 $D_1$ 和测试数据 $D_2$，比例为 7∶3

15：function SplitData$(D_1, D_2, D)$

16：　　$(D_1, D_2) \leftarrow Split(D, 0.7)$

17：end function

```
18:
19://训练模型
20:function TrainModel(epoch,D1,G,w,l,lr,BatchSize)
21:        for t∈epoch do
22:            //通过最小化训练损失来更新 w
23:            for(x,y)∈D1 do
24:                a←G(w,x)
25:                w←w−r ▽wl(a,y)
26:          end for
27:      end for
28:end function
29:
30://测试模型
31:function TestModel (D2,G,w,m)
32:      for (x,y)∈D2 do
33:          a←G(w,x)
34:          plot(a)
35:          plot(y)
36:          //比较两条曲线
37:      end for
38:end function
```

在使用预测算法之前,需要先分析时序数据。可以观察训练所用的商住建筑碳排放数据的自相关图,并结合该建筑所在地区的人类活动周期特性,分别定义短期、中期和长期移动平均线的移动窗口值。然后,创建碳排放数据的短期、中期和长期移动平均线,并将这些数据与原始数据进行对齐,保证采样点数量相同。最后,将这部分数据按照 7∶3 的比例进行训练集和验证集的划分。具体来说,短期、中期和长期的移动窗口长度分别为 1 小时、24 小时和 7 天。完成数据准备和初始化训练参数后,便可以进行模型训练。当训练轮次超过训练总轮次时,结束训练,并将最后一次训练完成后的模型参数保存与结果输出。

在模型验证方面,需要将验证数据按照时间顺序和步长依次代入模型,得到对应时间节点的预测值。当遍历完整个验证序列后,可以输出预测值和真实值的曲线对比图,并计算两者的平均绝对误差百分比作为评价指标。为了测试模型泛化性能,本章还使用多个不同气候地区的建筑碳排放数据作为测试集进行预测,并观察预测值和真实值的曲线图,检查是否存在过拟合现象。

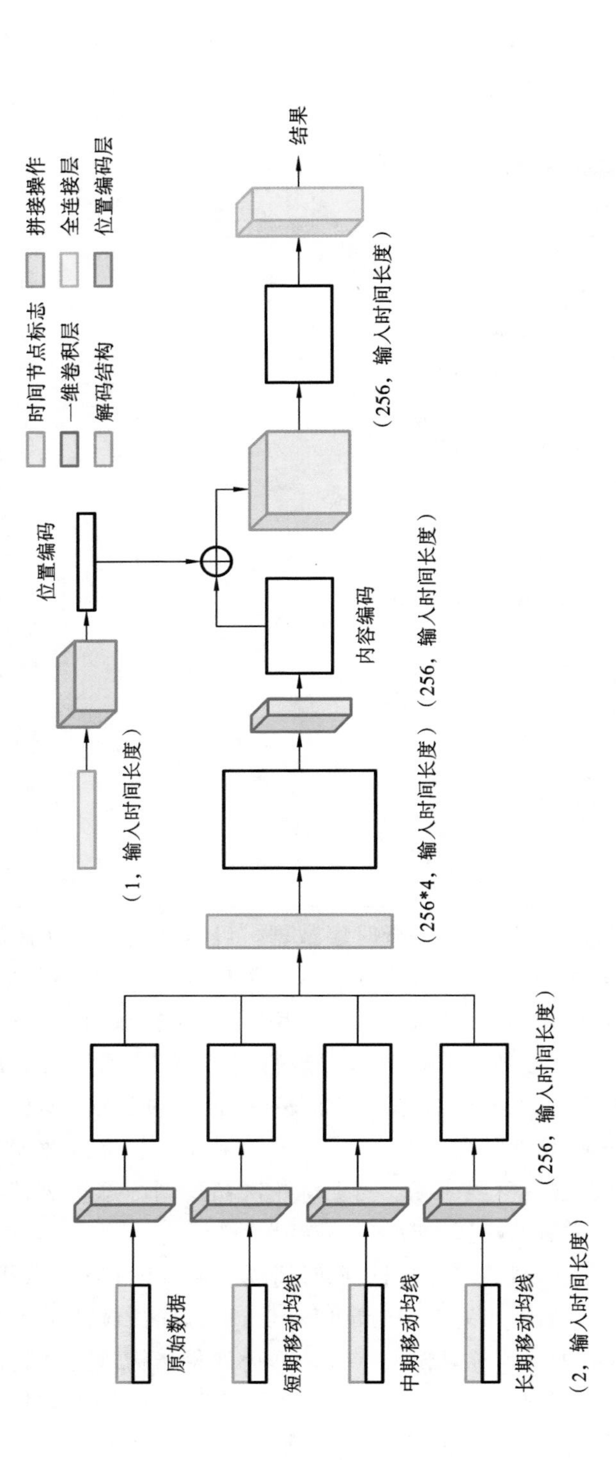


**图3-14 单因素多维度时间序列算法结构**

### 3.5.2 多因素多维度时间序列预测算法

为了进一步提升 TMTS 的泛化能力，本节优化了该算法框架。通过将原有的单因素时序分析拓展到多因素联合时序分析，利用该地区其他建筑物的环境数据（如温度、湿度、光照强度和 PM2.5），结合多项环境因素辅助模型学习时间序列特性。

本章提出的 TMFDTS 相较传统时间序列的多元分析，有以下优势：该算法不要求输入序列为平稳序列，也无须预先对序列进行标准化处理；另外，该算法可以有效应对现实场景中只有少量时序数据，解决其无法预测的情况。该算法输入包含多个因素，并以二氧化碳浓度为主要预测值输出结果。TMFDTS 主要借助 Transformer 模型强大的特征提取能力，充分挖掘多因素输入间的相关性，从而提升模型拟合效果和预测能力。

TMFDTS 需要先对数据平台中商住建筑的环境数据和碳排放数据进行灰色关联度分析。该分析的目的是将各项环境数据（如 PM2.5、光照强度、湿度和温度）与二氧化碳浓度的相关性进行排序，排除一些相关性较低的项目。如图 3-15 所示的灰色关联度分析矩阵，可以看出二氧化碳浓度与光照强度关系最为密切。这是因为建筑内的二氧化碳浓度与人们的活动密切相关。

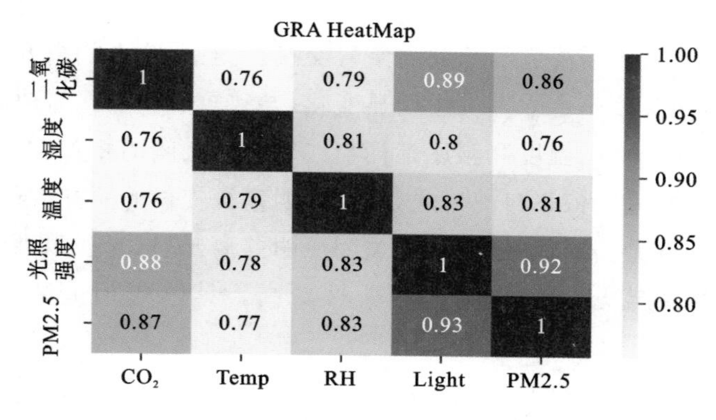


图 3-15 灰色关联度分析

为了更好地预测建筑物的碳排放量，还应根据该数据的时序分布情况，将工作时间与非工作时间加以区分。具体而言，工作时间设置为 9:00 至 18:00，共计 9 个小时。如图 3-16 所示，虽然每天的工作时间仅占一天时间的三分之一，但这段

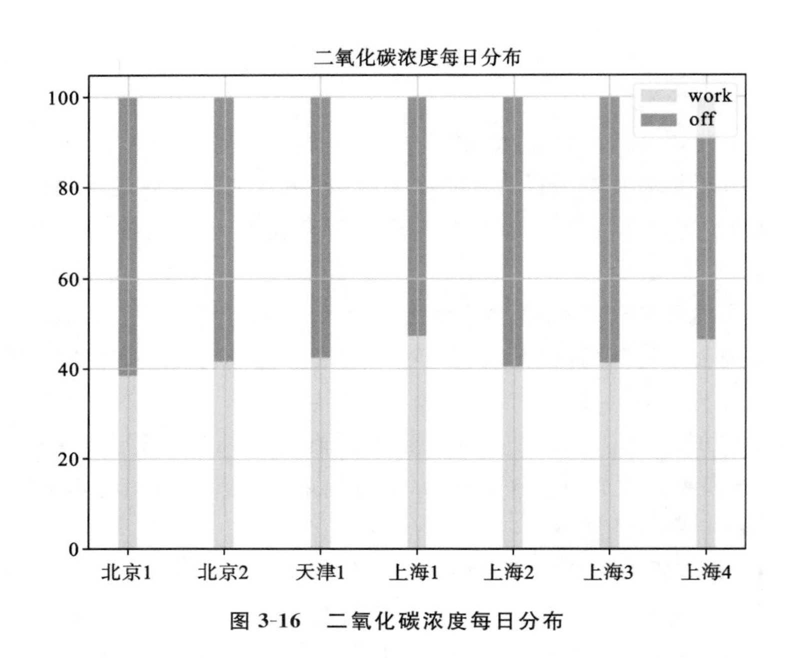


图 3-16　二氧化碳浓度每日分布

时间产生了近半数的二氧化碳排放量。因此，可以将人类活动作为辅助数据用于模型的学习和预测。

针对一般商住建筑的碳排放分析，近年落成的建筑物大多采用空调系统对温度与湿度进行调节，不需要频繁与外界空气交换。因此，当人们离开该建筑物且关闭空调时，温度与湿度不会立即发生明显变化，导致短时间内二氧化碳监测数据的变化不明显，从而降低了温度和湿度指标与二氧化碳之间的相关性。此外，大型商住建筑物一般不会完全依赖自然采光，需要照明系统提供光照并因此产生热量，导致二氧化碳的浓度升高。但是，当人们关闭照明并离开时，光照强度会明显发生变化，从而使灯光影响与二氧化碳的相关性最高。具体的相关性矩阵如图 3-15 所示。

对于多因素多维度时间序列预测算法的构建，首先，相对于单因素 TMTS 算法，该算法的数据输入拓展到由时间节点、二氧化碳、温度、光照强度、空气湿度和 PM2.5 组成的 6 维特征向量。其次，根据这些因素与二氧化碳的相关性权重矩阵，对数据进行加权处理，以自适应调整不同环境数据对模型学习的影响。除此之外，该模型的学习结构与前文描述的 TMTS 算法相似。具体的 TMFDTS 模型结构如图 3-17 所示。

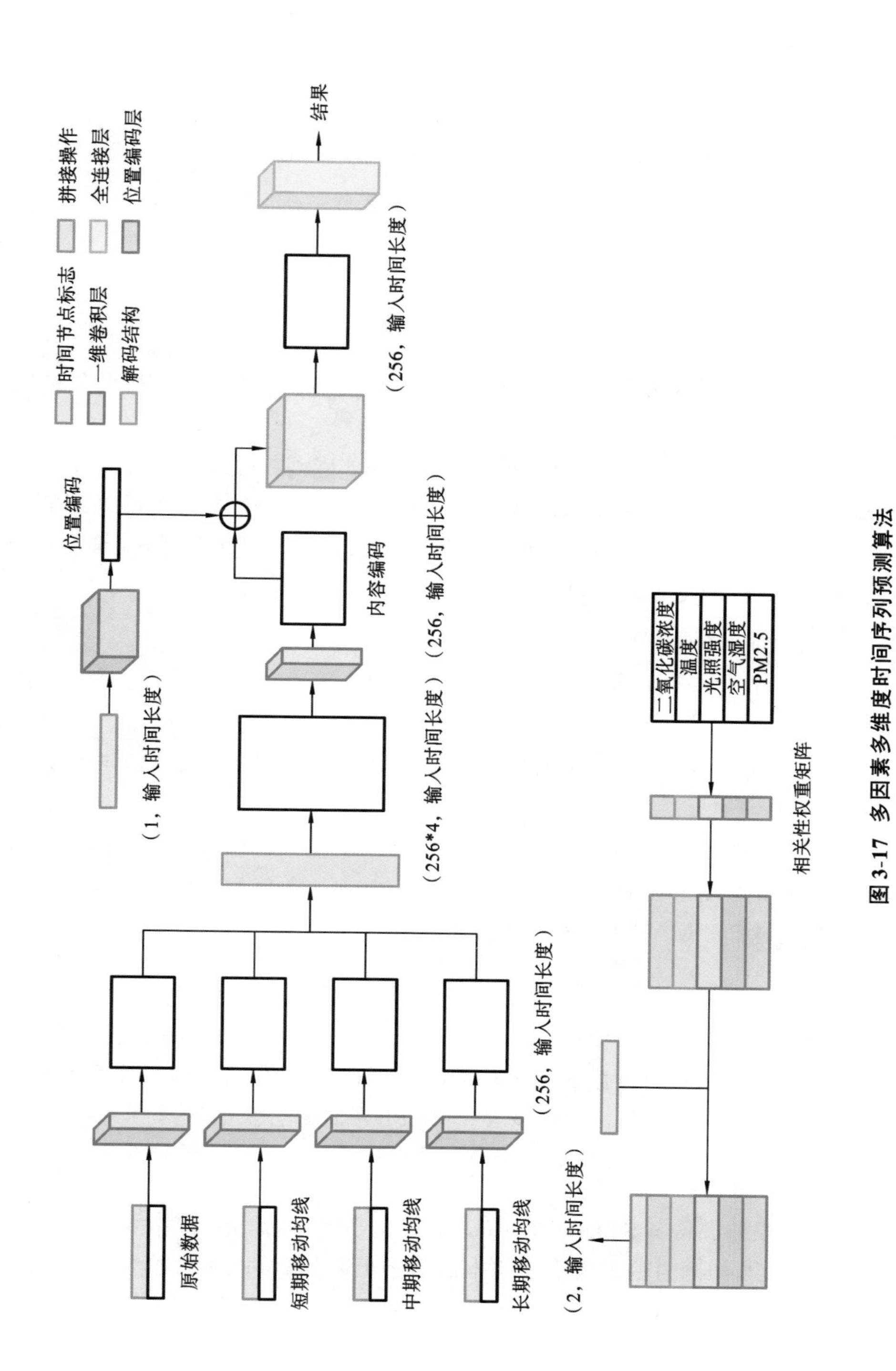


**图 3-17 多因素多维度时间序列预测算法**

## 3.6 实验结果与分析

### 3.6.1 评价标准

对于回归模型的预测，本节将用以下几个评价指标来量化估计模型的预测表现。

(1) 拟合优度 $R^2$。在回归模型的评价中，$R^2$ 被用来表示拟合优度或者决定系数，通常也用于计量经济学中表示模型方差的百分比。$R^2$ 分数能够反映模型的拟合程度，其取值范围为(−inf,1]，数值越接近 1 则表示该模型性能越好，即数据拟合程度越高。具体的计算公式如下：

$$R_{\text{squared}} = 1 - \frac{\sum_{i=1}^{n}(y_i - \hat{y}_i)^2}{\sum_{i=1}^{n}(y_i - \bar{y})^2} \tag{3-3}$$

式中：$y_i$ 表示的是真实值；$\hat{y}_i$ 表示的是预测值；$\bar{y}$ 表示的是样本均值；$n$ 表示的是样本数量。

(2) 平均绝对值误差(Mean Absolute Error, MAE)。MAE 是衡量预测值与真实值之间差异的度量标准。其取值范围为[0,+inf)，数值越大则表示模型对数据的拟合程度越低。MAE 的计算公式如下：

$$\text{MAE} = \frac{1}{n}\sum_{i=1}^{n} | y_i - \hat{y}_i | \tag{3-4}$$

(3) 平均绝对误差百分比(Mean Absolute Percent Error, MAPE)。MAPE 以百分比形式表达模型对数据的偏离程度，其取值范围为[0,+inf)，数值越大表示模型预测值与真实值的偏离程度越大。MAPE 的计算公式如下：

$$\text{MAPE} = \frac{100\%}{n}\sum_{i=1}^{n}\left|\frac{y_i - \hat{y}_i}{y_i}\right| \tag{3-5}$$

(4) 均方误差(Mean Squared Error, MSE)。MSE 是常用的损失度量函数之一，对于真实值与预测值偏差较大的样本点给予更高的惩罚，反之亦然。MSE 的取值范围为[0,+inf)，其计算公式如下：

$$\text{MSE} = \frac{1}{n}\sum_{i=1}^{n}(y_i - \hat{y}_i)^2 \tag{3-6}$$

（5）均方根误差(Root Mean Square Error，RMSE)。RMSE 是基于均方误差的值开根运算得出，由于与数据处于同一量级水平，因此能更好地衡量真实值与预测值之间的差异。RMSE 的计算公式如下：

$$\mathrm{RMSE}=\sqrt{\frac{1}{n}\sum_{i=1}^{n}(y_i-\hat{y}_i)^2} \tag{3-7}$$

## 3.6.2 实验结果与分析

### 1. 差分自回归移动平均模型

本章研究目标是对商住建筑碳排放数据进行预测。由于差分自回归移动平均模型的时间序列通常是平稳性时序数据，而当数据量较大时，非平稳性时间序列会出现剧烈波动，导致模型无法获得较长期的预测结果。因此，在该研究中，预测步长被设定为 12，以预测未来半天商住建筑二氧化碳的变化趋势。

如图 3-18 和图 3-19 所示的模型预测结果，在应用差分自回归移动平均 ARIMA 模型对商住建筑碳排放进行预测时，模型对于碳排放训练数据的变化趋势表现良好，但对于测试数据则无法捕捉到拐点，预测结果也存在明显的时延性，从而大大影响了预测精度。此外，如表 3-1 所示，$R^2$ 分数仅为 −0.3344，说明该模型基本未能对真实数据值进行拟合，因此模型存在一定的局限性。

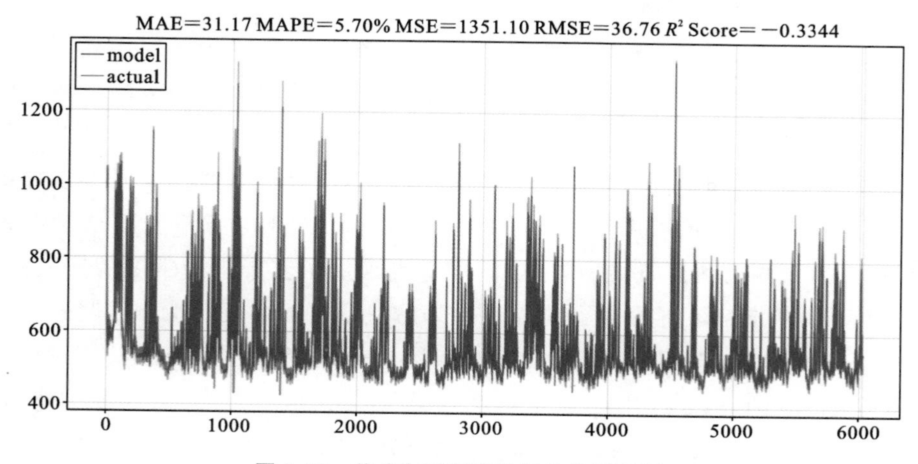


图 3-18　差分自回归移动平均模型预测

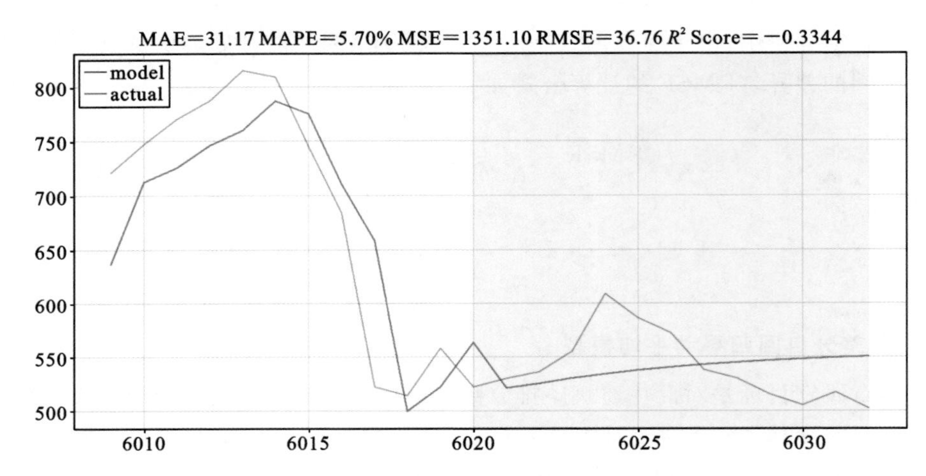


图 3-19　模型预测局部结果

表 3-1　差分自回归移动平均模型评价

| 项目 | MAE | MAPE | MSE | RMSE | $R^2$ Score |
|---|---|---|---|---|---|
| 差分自回归移动平均模型 | 31.17 | 5.70% | 1351.10 | 36.76 | −0.3344 |

**2. 支持向量回归算法**

由于 ARIMA 模型的应用场景比较特定，更偏向于平稳的时间序列，而本章的研究对象是商住建筑物的碳排放。考虑到该数据受到多种因素的影响，总体呈现非平稳状态。因此，在本文的应用场景下，该模型的表现可能不佳。另外，ARIMA 模型只能捕捉到非平稳序列中的线性关系，对于非线性关系难以捕捉，这导致在复杂的实际应用环境中，ARIMA 模型无法获得高精度的预测结果。为了更好地预测商住建筑物的碳排放，本章也采用了基于机器学习的支持向量回归模型，并有针对性地采用径向基函数来解决数据的非线性拟合问题。

本章针对支持向量回归算法的实验参数进行设定，采用径向基核函数作为 SVR 算法的核函数，并将其 gamma 值设为 1e-5，惩罚系数 $C$ 为 1。实验所使用的数据集是某一商住建筑在华北地区的二氧化碳数据，供训练和测试使用，共有 6033 个样本点，其中序列后的 504 个点用于测试，其余样本点均用于训练。具体结果如图 3-20 所示。在白色训练数据中，模型虽然未能很好地拟合每个时间段内二氧化碳浓度的最大值，但它能够较好地捕捉它们的变化趋势并预测每次二氧化

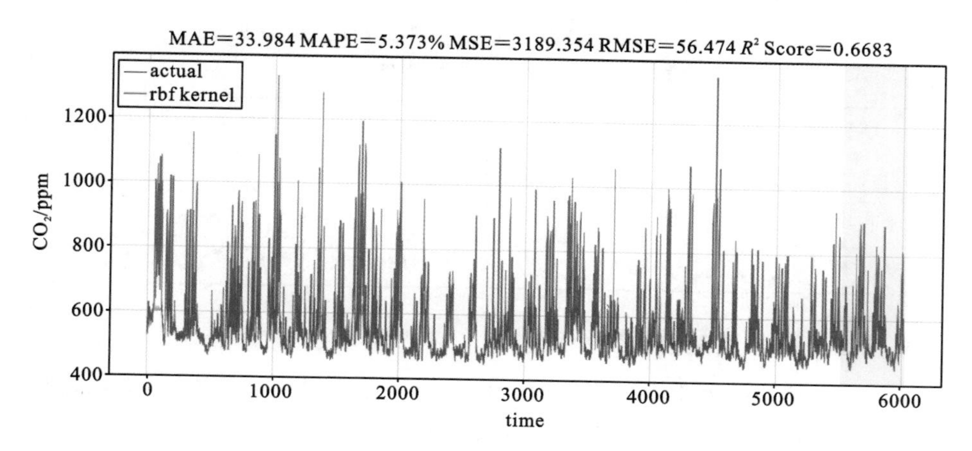


图 3-20　支持向量回归算法预测结果

碳浓度的拐点。

预测测试数据(见图 3-21 中的灰色预测区域)时,观察支持向量回归模型的拟合程度,可以发现其精度高于传统时间序列分析模型。其中 MAPE 仅为 5.37%,表示该模型预估值的拟合程度较高。另外,支持向量回归模型未出现严重的过拟合现象,表现出很好的泛化能力。同时,该模型可以有效预测碳排放的趋势,但却无法捕捉到时序的峰值。

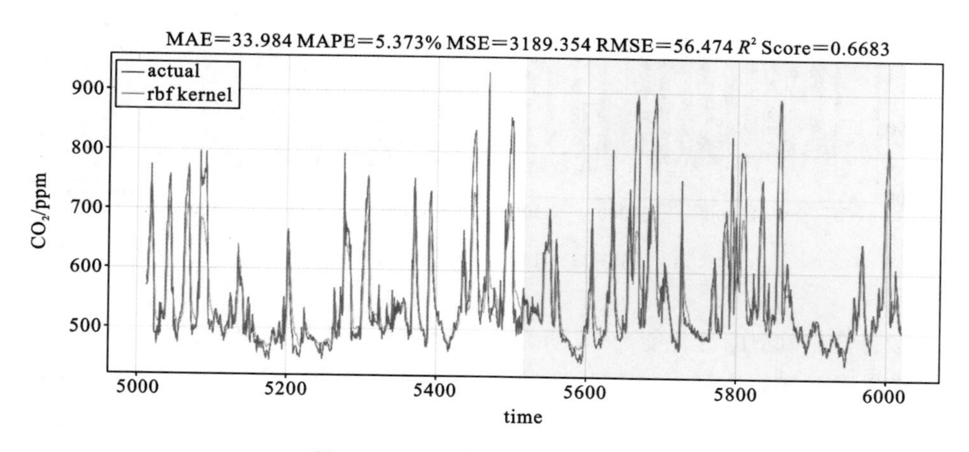


图 3-21　SVR 模型预测局部结果

结合本章前部分的模型对比,可以看出差分自回归移动模型在预测碳排放的未来走势时,其 $R^2$ 分数是 −0.3344,意味着该模型与数据的拟合程度很差。相反,支持向量回归预测算法的 $R^2$ 分数为 0.668,其预测精度高于差分自回归移动模型，因此基于机器学习方法在本章碳排放预测中表现更佳(见表 3-2)。

**表 3-2　支持向量回归算法模型评价**

| 项目 | MAE | MAPE | MSE | RMSE | $R^2$ Score |
|---|---|---|---|---|---|
| 差分自回归移动平均模型 | 31.17 | 5.70% | 1351.10 | 36.76 | −0.3344 |
| SVR 预测 | 33.984 | 5.373% | 3189.354 | 56.474 | 0.668 |

### 3. 单因素多维度时间序列预测算法

本章旨在解决机器学习时间序列分析只能学习浅层特征的限制，无法挖掘更深层次的时序特征以提高算法性能。本研究提出了一种基于单因素的多维度时间序列预测算法，而其整体与局部预测结果，如图 3-22 和图 3-23 所示。通过使用深度自注意力变换网络，挖掘时间序列的深层特征以提高预测结果的准确性。

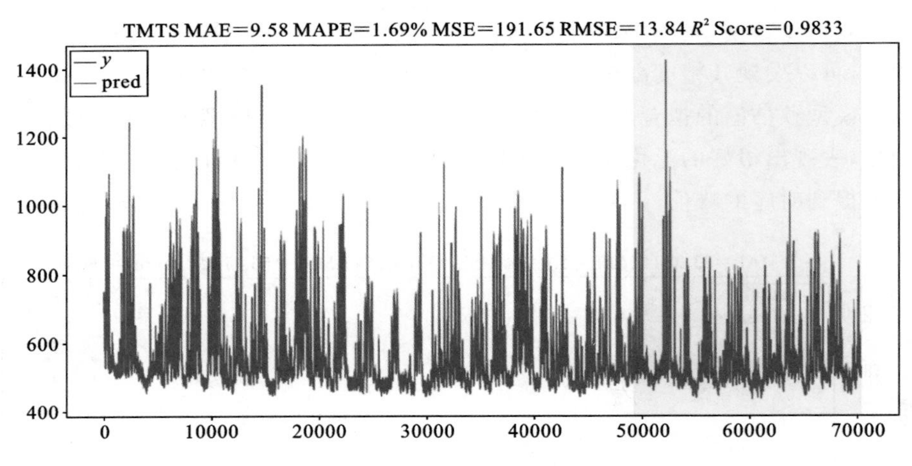


图 3-22　TMTS 模型预测结果

为了验证模型的泛化能力，本研究使用原先在华北地区训练得到的 TMTS 模型迁移应用至其他地区。如图 3-24 所示，可以观察到模型迁移的结果，尽管在未知的数据上，模型评价指标可能会下降，但是在前半部分数据中，除了一些过于极端的时序极大值不能被正确预测外，模型整体拟合程度仍然不错(见表 3-3)。然而在后半部分的迁移预测结果中，预测值整体向上偏移，这是由于迁移过来的数据集的真实值普遍比模型训练数据集的数值低，使得模型无法正确的判断，也说明在训练数据差异较大的数据上预测会存在一定偏差。如图 3-25 所示的迁移结果局部放大结果，可以直观地了解数据拟合情况。除了一些个别的拐点外，大部分的拐

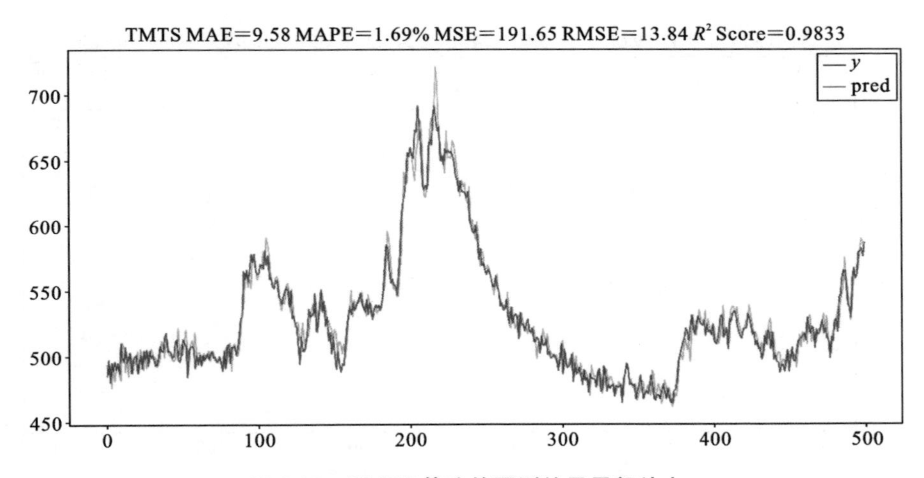


图 3-23 TMTS 算法的预测结果局部放大

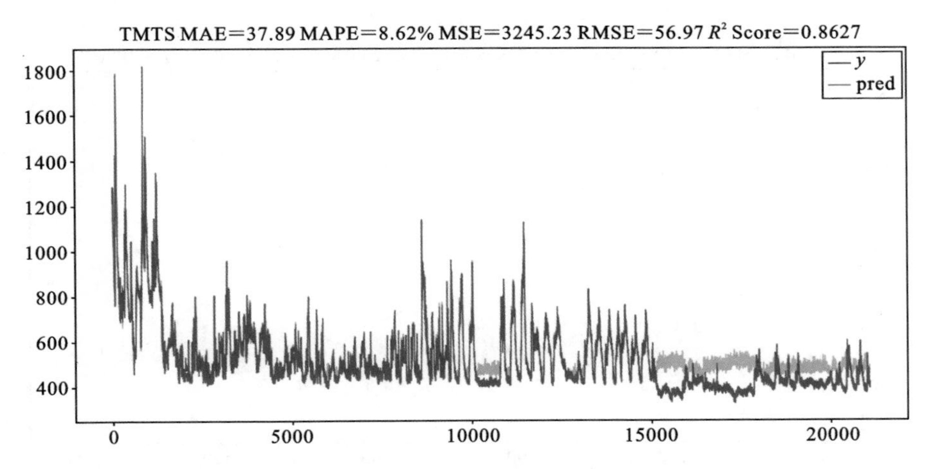


图 3-24 TMTS 模型应用于不同地域的预测结果

点都得到了预测，并且预测值与真实值的偏差较低。此外，对 TMTS 模型迁移结果偏差较大部分（见图 3-26）进行分析，可以看出这是由于该数据真实值大部分低于 400，并且与训练模型的数据分布有很大不同，所以预测模型对于偏离正常值的数据不能很好地拟合，从而导致预测值出现了偏差。

表 3-3 TMTS 模型指标

| 项目 | MAE | MAPE | MSE | RMSE | $R^2$ Score |
| --- | --- | --- | --- | --- | --- |
| TMTS 验证预测 | 9.58 | 1.69% | 191.65 | 13.84 | 0.9833 |
| TMTS 迁移预测 | 37.89 | 8.62% | 3245.23 | 56.97 | 0.8627 |

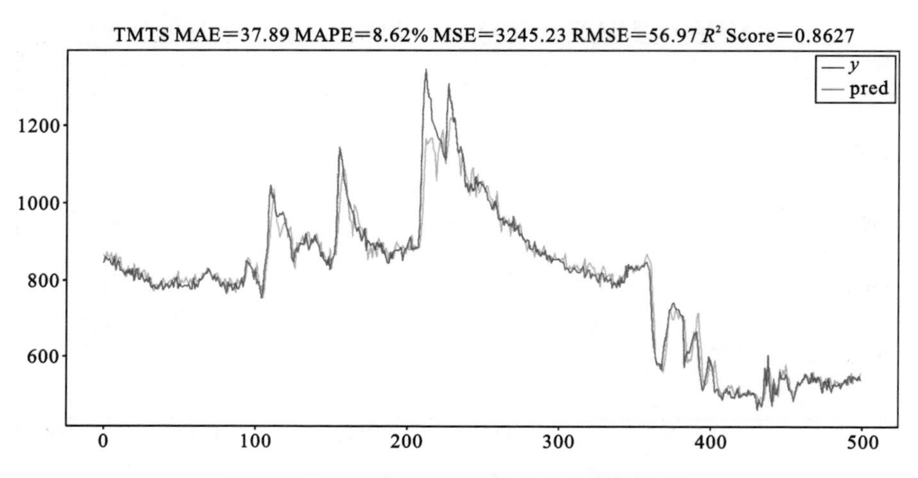


图 3-25　TMTS 模型迁移差异小的局部结果

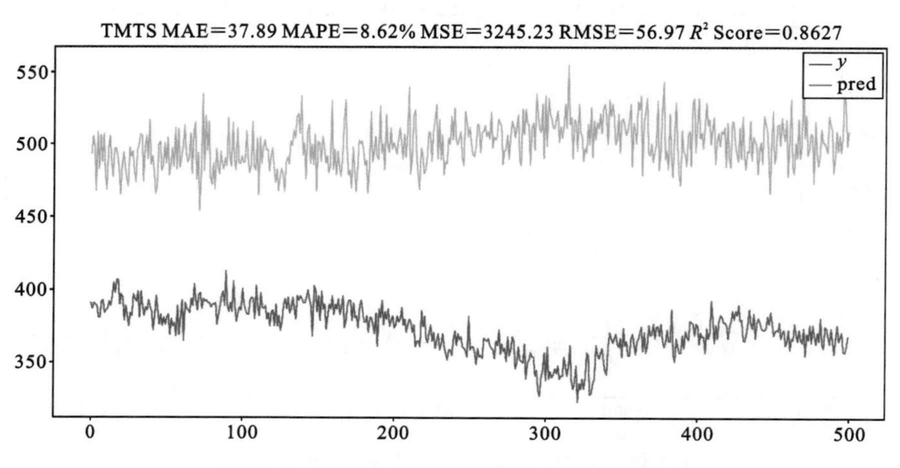


图 3-26　TMTS 模型迁移差异大的局部结果

**4. 多因素多维度时间序列预测算法**

由于单因素的 TMTS 仅考虑二氧化碳的分布，没有考虑其他环境因素对碳排放的影响。为了改善模型性能，本章将单因素 TMTS 模型拓展到多因素 TMFDTS 模型。在训练模型时，考虑了不同因素对碳排放的影响，本研究主要使用二氧化碳数据，同时结合其他多种环境数据。在实验过程中，使用的训练和验证数据同样来自华北地区某商住建筑的环境采样数据，共 72391 条采样数据，而模型的初始训练参数与单因素预测算法相同。如图 3-27 所示，TMFDTS 模型性能有出色的表现，对于验证集的灰色部分有很好的拟合效果，能够有效捕捉时序数据的趋势和拐点,并达到较为精准的预测,如图 3-28 所示。另外,TMFDTS 预测算法在同样训练及验证结果的各项指标均优于 TMTS 算法,其中 $R^2$ 分数提高了0.0037。尽管 TMFDTS 模型性能仅有轻微的提升,但是当将模型迁移应用到其他地区进行预测时,可以发现该模型比 TMTS 模型有显著性的性能提升。

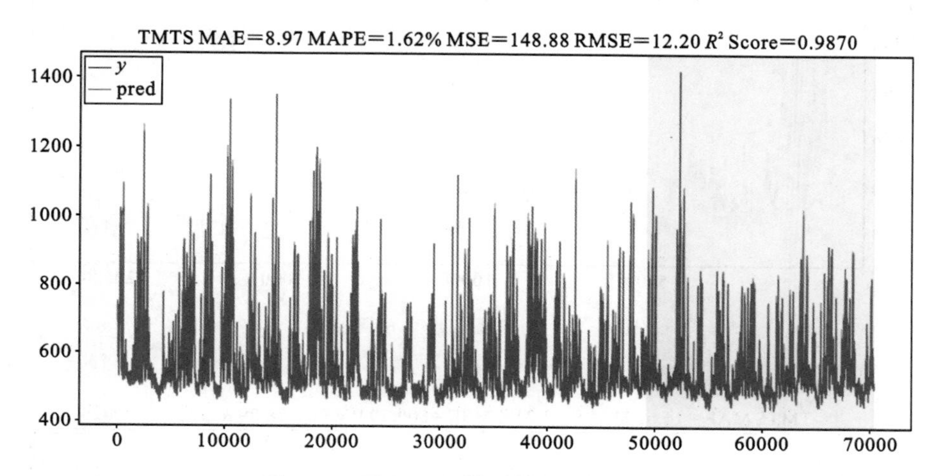


图 3-27 TMFDTS 模型训练及预测结果

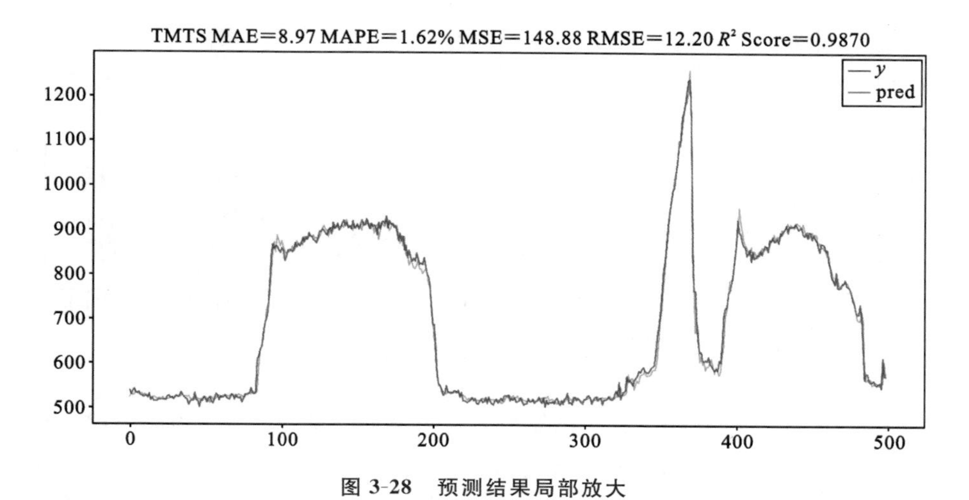


图 3-28 预测结果局部放大

为了测试改进后的模型在不同地区的泛化性能,本章对华东和华北地区多个商住建筑观测点进行了迁移应用。实验选择北京和天津具有代表性的观测点进行预测,并将结果罗列在图 3-29 和图 3-30 中。在华北地区的北京商住建筑观测点 1 上,使用 TMFDTS 得到的 $R^2$ 分数为 0.9461,表示模型的拟合程度很好,对于没有

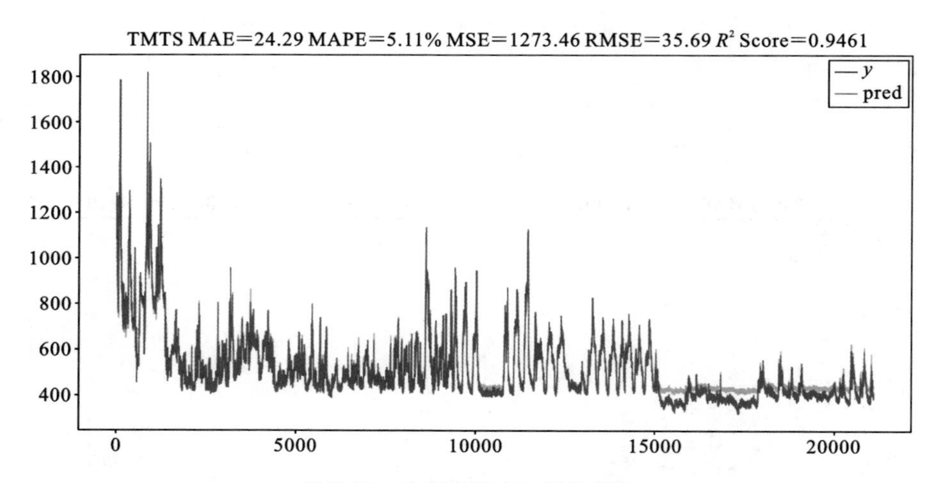


图 3-29　北京观测点 1 预测结果

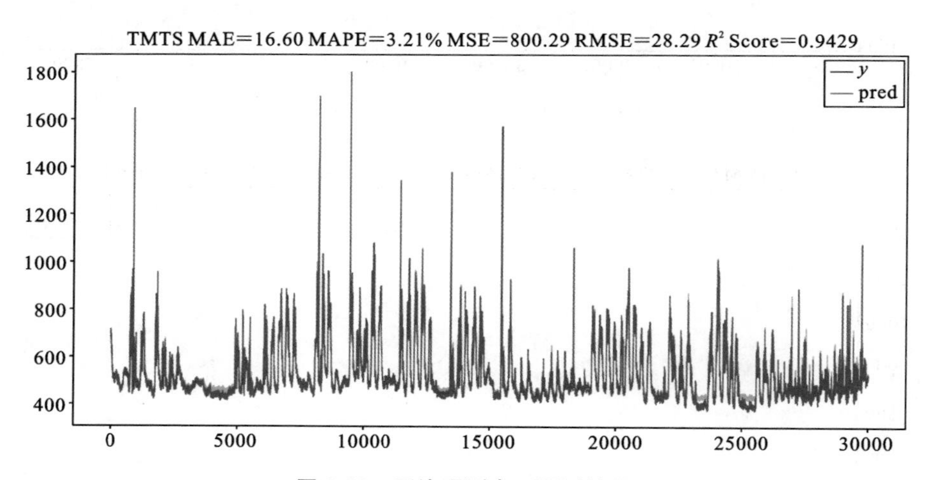


图 3-30　天津观测点 1 预测结果

学习过的时序数据具有良好的泛化能力。在天津商住建筑观测点 1 中，TMFDTS 算法的 $R^2$ 分数为 0.9429，具有同等的拟合程度。此外，华东地区的上海商住建筑观测点 2 估计得到的 $R^2$ 分数是 0.9536，如图 3-31 所示。因此，通过对比单因素 TMTS 模型和多因素 TMFDTS 模型的评价指标，可以发现在迁移预测结果中，TMFDTS 比 TMTS 具有更强的泛化性和拟合程度。

表 3-4 所示的是 TMTS 模型和 TMFDTS 模型的预测结果量化指标，根据 $R^2$ 分数结果来看，TMFDTS 在大部分观测点中的迁移预测结果均优于 TMTS 的，只有在上海观测点 3 的商住建筑预测结果中，TMTS 模型的分数比 TMFDTS 模型

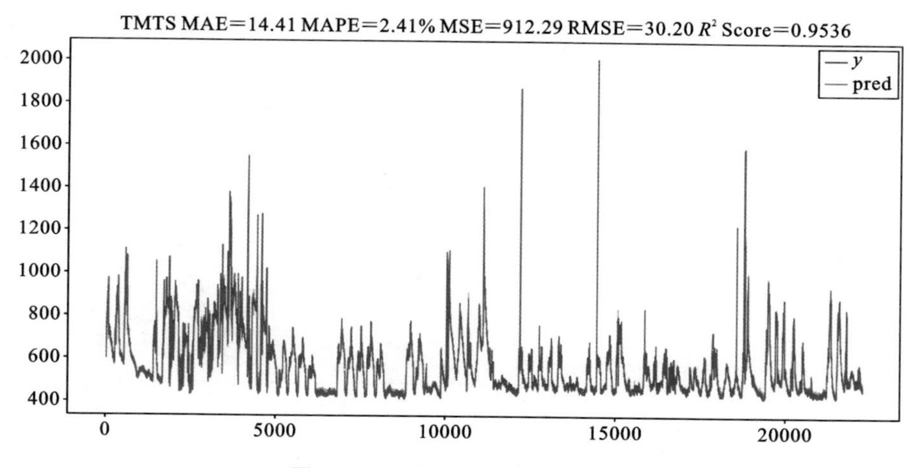


图 3-31　上海观测点 2 预测结果

的分数略高了 0.0109。为了更直观地对比预测性能，分别对两个模型的迁移预测结果进行了平均值处理，如表 3-5 所示。其中 TMFDTS 模型的 $R^2$ 分数比 TMTS 模型的高 0.089643。这表明 TMFDTS 模型比 TMTS 模型更具有通用性和鲁棒性。因此，通过多个观测点的实验，证明了 TMFDTS 模型在不同地区商住建筑的碳排放预测中具备良好的应用前景。

表 3-4　TMTS 和 TMFDTS 模型对比

| 观测点 | 项目 | MAE | MAPE | MSE | RMSE | $R^2$ Score |
|---|---|---|---|---|---|---|
| 北京观测点 1 | TMTS | 37.89 | 8.62% | 3245.23 | 56.97 | 0.8627 |
| | TMFDTS | 24.29 | 5.11% | 1273.46 | 35.69 | 0.9461 |
| 北京观测点 2 | TMTS | 44.72 | 10.57% | 3100.28 | 55.68 | 0.5510 |
| | TMFDTS | 25.69 | 5.89% | 910.11 | 30.17 | 0.8682 |
| 上海观测点 1 | TMTS | 41.83 | 10.10% | 3863.95 | 62.16 | 0.7263 |
| | TMFDTS | 27.94 | 6.43% | 1302.6 | 36.09 | 0.9077 |
| 上海观测点 2 | TMTS | 14.39 | 2.36% | 1044.11 | 32.31 | 0.9468 |
| | TMFDTS | 14.41 | 2.41% | 912.29 | 30.2 | 0.9536 |
| 上海观测点 3 | TMTS | 13.43 | 1.86% | 490.57 | 22.15 | 0.9746 |
| | TMFDTS | 16.27 | 2.18% | 702.4 | 26.5 | 0.9637 |
| 上海观测点 4 | TMTS | 41.41 | 4.30% | 16174.41 | 127.18 | 0.8096 |
| | TMFDTS | 39.69 | 4.19% | 15083.27 | 122.81 | 0.8225 |

续表

| 观测点 | 项目 | MAE | MAPE | MSE | RMSE | $R^2$ Score |
|---|---|---|---|---|---|---|
| 天津观测点 1 | TMTS | 18.65 | 3.66% | 1314.55 | 36.26 | 0.9062 |
| | TMFDTS | 16.6 | 3.21% | 800.29 | 28.29 | 0.9429 |

**表 3-5　模型迁移预测平均 $R^2$ 分数**

| 项目 | $R^2$ Score |
|---|---|
| TMTS | 0.825314 |
| TMFDTS | 0.914957 |

## 3.7　本章小结

本章的研究主要围绕商住建筑碳排放预测模型的设计和分析，使用华北地区某商住建筑采集的碳排放数据，分别建立了基于传统时间序列分析、机器学习的支持向量回归算法和深度神经网络方法的预测模型。在实验结果中，我们可以发现季节性差分自回归移动平均模型能够较好地拟合以小时为单位的碳排放趋势，但是对于数据波动较大的情况，该模型没有很好的预测能力。此外，本章还比较了径向基核函数支持向量回归模型和季节性 ARIMA 模型预测碳排放值的效果。相比季节性 ARIMA 模型，径向基核函数支持向量回归模型的拟合效果更好一些，但仍然存在不足，不能很好地预测数据拐点和极值部分。

为了解决季节性 ARIMA 和支持向量机回归模型的缺陷，本章分别提出了单因素和多因素的多维时间序列预测模型。这两种方法除了在获得更好的碳排放预测效果之外，还有另外一个优点，就是无需对数据样本进行归一化处理，并且可以应对大部分实际应用场景。通过多个观测点的迁移预测实验，本研究提出的多因素 TMFDTS 模型考虑了多种环境因素的影响，并且结合深度自注意力变换网络进行强大的特征抽取，从而使得该模型具备了良好的泛化能力。该模型在迁移预测中的拟合优度平均达到了 0.915。因此，本章的方法可以很好地应用于中国不同地区商住建筑的碳排放预测，为实现双碳政策提供了有效的技术支持。

# 第4章

# 基于混合注意力机制的深度卷积神经网络碳足迹遥感估计

## 4.1 本章引论

在评估区域的碳排放情况时，我们不仅需要设置一些基于物联网传感器对室内碳排放监测，还需要考虑该区域整体碳排放的宏观影响。因此，本章的研究目标是对我国县级行政区的碳排放统计数据和多源遥感图像进行空间关系分析，并通过基于深度学习算法来估计各县区的碳足迹情况。传统的碳排放统计数据发布时间以年或季度为单位，需要进行能源核算统计、收集、汇总和处理等流程才能得出，存在更新周期长和人为干扰大等问题。另外，现有的许多研究采用较为简单的回归预测模型以国家或省级行政区为研究对象。然而，如果研究区域过于精细，该类模型的精度容易受地理空间差异影响，导致碳排放估计出现偏差。

为了克服传统方法的不足，本章提出了一种基于深度卷积神经网络的碳足迹遥感估计算法。该算法采用了更优的残差神经网络作为基准模型，并搭配混合注意力机制模块，以增强模型特征提取性能。同时，本章还结合了多种遥感图像的数据输入，加强对地表上人类活动情况的描述。然后，利用深度卷积神经网络进行模型训练，从遥感图像中提取出人类活动规律和碳排放程度的深层特征关系，并最终构建出一种碳足迹估计的回归模型。在实验中，本章提出的算法与官方碳排放数据进行了定量和定性测试，并通过不同的评价指标的结果对比，进一步证实了本章算法的有效性。

## 4.2 研究背景与相关工作

传统的评估方法在精细研究区域中面临着数据量大和特征分布复杂等问题，因此其评估结果较为不佳。为了提高我国县级区域的碳足迹密度估算模型的鲁棒性，本章加入了多种遥感数据来补充地表事物信息，同时采用具有强大特征提取能力的深度神经网络来训练模型。接下来，本章将介绍采用的遥感数据和基础算法模型。

### 4.2.1 应用的遥感数据

本章算法使用了不同类型的遥感图像数据，包括 Landsat 8 卫星的多个波段、Suomi NPP 卫星的夜间灯光以及 STRM 卫星的高程数据。

**1. Landsat 8 卫星数据**

本章以 Landsat 8 卫星的遥感图像作为主要的数据基础，该卫星搭载了陆地成像仪 OLI 和热红外传感器 TIRS，可以 24 小时不间断地对地表辐射和热量进行探测，并收集了从红外到热红外的 11 个波段数据。由于 Landsat 8 数据具有较高的空间分辨率，可以识别或分析出地面上的事物特征，如树木、道路和建筑物等地物目标。表 4-1 所示的是 Landsat 8 卫星具体的波段信息、空间分辨率和适用场景。此外，红、绿和蓝波段合成的彩色图像如图 4-1 所示。

**表 4-1 Landsat 8 卫星数据详细信息**

| 波段名称 | 波段范围/μm | 空间分辨率/m | 应用场景 |
|---|---|---|---|
| 海岸波段 | B1(0.43～0.45) | 30 | 海岸带 |
| 蓝波段 | B2(0.45～0.51) | 30 | 水体 |
| 绿波段 | B3(0.53～0.59) | 30 | 植被 |
| 红波段 | B4(0.64～0.67) | 30 | 道路、裸露土壤、植被种类 |
| 近红外波段 | B5(0.85～0.88) | 30 | 生物量、潮湿土壤 |
| 短波红外 1 | B6(1.57～1.65) | 30 | 道路、裸露土壤、水 |

续表

| 波段名称 | 波段范围/μm | 空间分辨率/m | 应用场景 |
|---|---|---|---|
| 短波红外 2 | B7(2.11～2.29) | 30 | 岩石、矿物、被覆盖土壤 |
| 热红外 | B10(10.60～11.19)<br>B11(11.50～12.51) | 30 | 感应热辐射目标 |
| 全色波段 | B8(0.50～0.68) | 15 | 增强分辨率 |
| 卷云波段 | B9(1.36～1.38) | 30 | 云检测 |

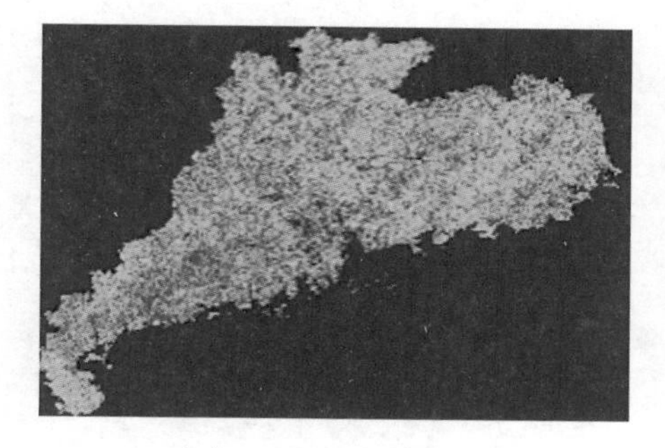

(a) Landsat 8 红波段(B4)

(b) Landsat 8 绿波段(B3)

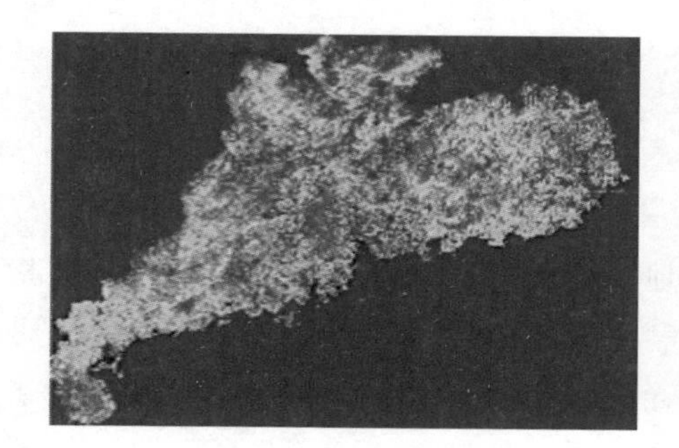

(c) Landsat 8 蓝波段(B2)

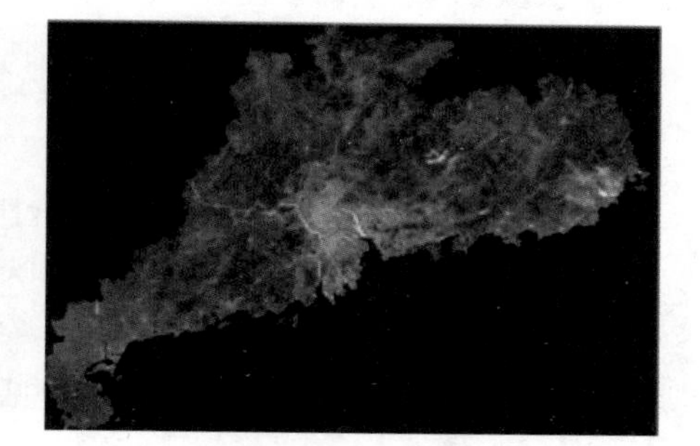

(d) Landsat 8 合成彩色

**图 4-1　选定的 Landsat 8 卫星数据示意图**

**2. Suomi NPP 卫星的夜间灯光数据**

Suomi NPP 卫星能够提供本章需要的夜间地表灯光数据，其空间分辨率为 750 m。此数据收集了夜间灯光和火灾等辐射信号，能够观察夜间人类活动的分布和强度。图 4-2 所示的是 Suomi NPP 的夜间灯光数据。

Suomi NPP 卫星的传感器主要在夜晚工作，收集的数据可排除大部分自然环境的影响。因此，该数据可直接反映人类活动和影响，夜间灯光的变化也可一定程度地反映城市化和工业化水平，以及碳足迹的分布。此外，夜间灯光数据还可应用于环境灾害、交通道路、城镇扩张和社会经济因素的研究。

**3. DEM 高程数据**

DEM 高程数据来自于航天飞机雷达地形测绘任务(Shuttle Radar Topography Mission, SRTM)卫星,能够提供准确的海拔信息,覆盖了全球八成以上的陆地区域,确保了地形数据的真实性和连续性。通过 DEM 数据,本章可以获得所观测地区的地形和海拔信息,这些因素对人类活动范围和经济活动产生直接影响。此外,DEM 数据源可以补充 Landsat 8 卫星数据和 Suomi NPP 卫星的夜间灯光数据的不足,形成多种数据的信息互补,为碳足迹的分布估计提供重要的作用。图 4-3 所示的是 DEM 高程数据的示意图。

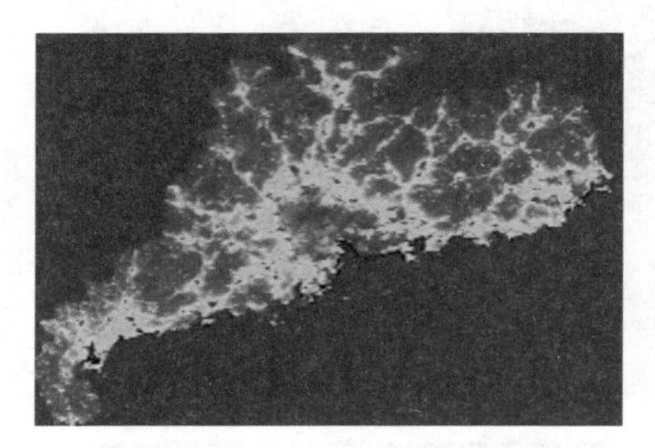

图 4-2　Suomi NPP 夜间灯光示意图

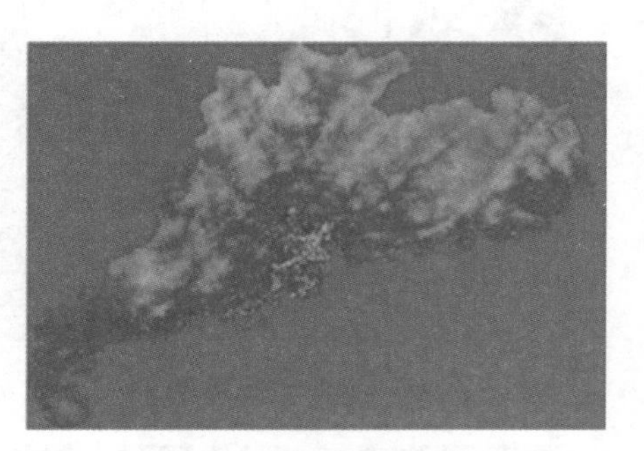

图 4-3　SRTM 卫星高程数据示意图

**4. NDVI 指数**

归一化植被指数(Normalized Difference Vegetation Index, NDVI)是用于反映地表植被覆盖与生长情况的指标。该指数利用绿色植被对近红外光的高反射和可见光的强吸收的物理特性,将植被从光谱中区分开。植被越丰富,说明该地区的碳汇越高,而碳排放总量则会越低。考虑到植被指数对碳足迹估计有着直接的影响,本章将 NDVI 指数加入多源遥感数据中,以加强碳足迹估算的模型训练。图 4-4 所示的是 NDVI 指数的分布示意图。

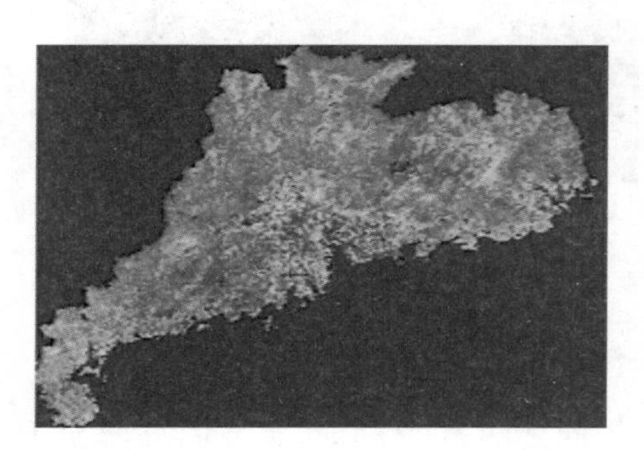

图 4-4　NDVI 指数的分布示意图

### 4.2.2　残差神经网络

残差神经网络(Residual Network, ResNet)是一种可叠加的卷积神经网络,最初由何恺明等人于 2015 年提出[103]。ResNet 的残差块结构极大改善了神经网络在层数增加时准确率反而下降的情况。过去的神经网络结构只是简单地通过叠加深度和拓展网络层次，梯度在反向传播时以连乘的形式进行，因此随着网络的加深，会出现梯度爆炸和梯度消失的情况。而所提出的残差块可以解决上述问题，有效提升了网络性能，使得极深网络成为可能。图 4-5 所示的是残差结构模块的示意图。

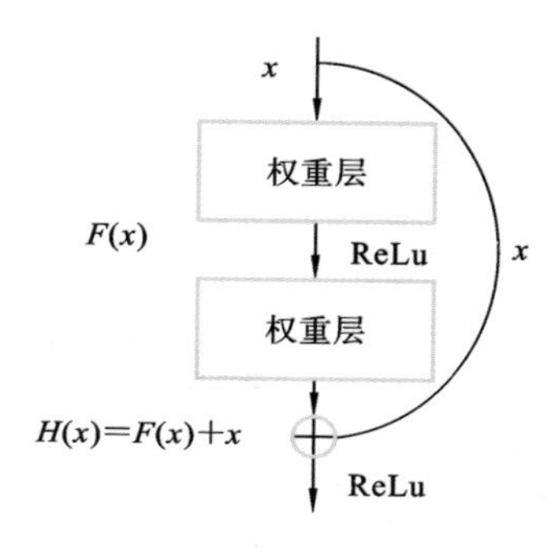


图 4-5　残差结构模块

ResNet 的核心思想是通过残差学习来解决深层网络的梯度消失问题。通过在每层输入与输出之间连接一条残差连接，可以进行差异化学习或保留输入信息，从而减少梯度消失的问题。ResNet 允许模型深度增加，可以使用超过 100 层的网络，从而增强模型的表示能力，根据实验证明与 ResNet 结合的深层网络可以获得鲁棒性的结果。另外，ResNet 使用了一种“瓶颈”架构的方法，以减少参数数量并缩短训练时间。

### 4.2.3　混合注意力机制

传统深度学习模型将整个输入作为一个固定长度的向量来处理，难以捕捉数据中各元素之间的依赖关系。为解决此限制，注意力机制被引入作为深度学习的关键构件，允许模型关注输入的特定部分，从而提高整体的预测精度。在基于注意力的模型中，可根据输入元素的重要性分配权重，让模型关注输入中最相关的部分，同时忽略其他无关的部分，从而获得较好鲁棒性的结果。常用的注意力机制包括加法注意力、点积注意力和多头注意力等。

Woo 等人[104]提出卷积注意力块（Convolutional Block Attention Module，CBAM），是一种适用于各种卷积神经网络的混合注意力机制模块。将注意力模块应用于卷积网络中可模拟人类视觉系统，使深度神经网络尽可能关注重要特征，抑

制不必要的特征。CBAM包含两个注意力机制模块，一个是针对通道维度的注意模块(Channel Attention Module)，另一个是针对空间维度的注意模块(Spatial Attention Module)。CBAM的信道注意力主要让网络模型关注图像中变化的区域“是什么”，而空间注意力则让网络模型关注图像变化的区域“在哪里”。

通道注意力处理过程的流程如下。首先，将特征图输入该模块，对其进行通道最大值池化和均值池化。然后，将池化后的两个一维向量送至共享全连接层，得到输出结果并进行相加。最后，通过Sigmoid激活函数生成一维的通道注意力权重$M_{channel}$，而通道注意力的算法流程如图4-6所示。

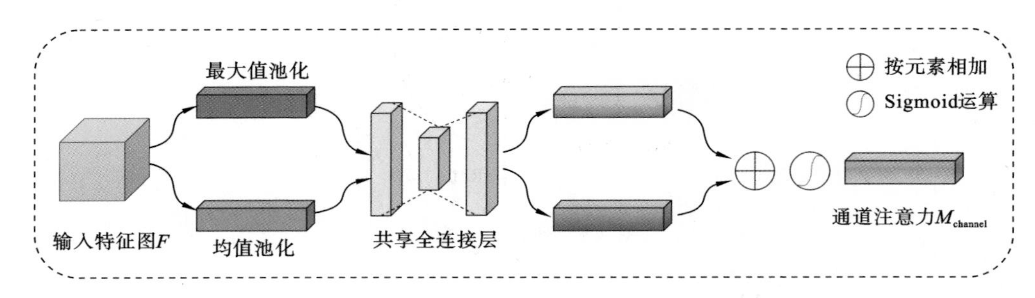


图4-6　通道注意力的算法流程

空间注意力的计算过程如下。首先，将通道注意力权重$M_{channel}$与输入特征图$F$中的每个元素相乘，得到输入特征图$F'$。然后，对特征图进行最大值池化和均值池化。需要注意的是，空间注意力按空间操作对特征图进行池化，不同于信道注意力。将池化后的两个二维向量拼接起来，并进行一次卷积操作。最后，通过Sigmoid激活函数生成空间注意力权重$M_{spatial}$，具体的算法流程如图4-7所示。

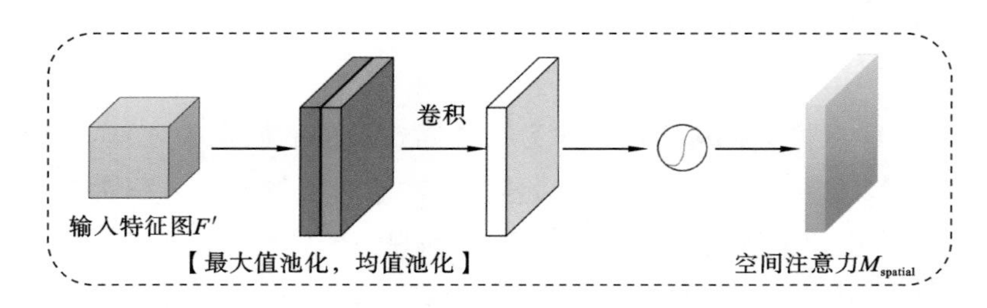


图4-7　空间注意力的算法流程

图4-8所示的是混合注意力机制的算法流程。在该机制中，输入特征图$F$与权值进行乘法操作，得到特征图$F_{weight}$。其计算公式如下：

$$F'=M_{channel}(F)\cdot F \tag{4-1}$$

$$F_{weight}=M_{spatial}(F')\cdot F' \tag{4-2}$$

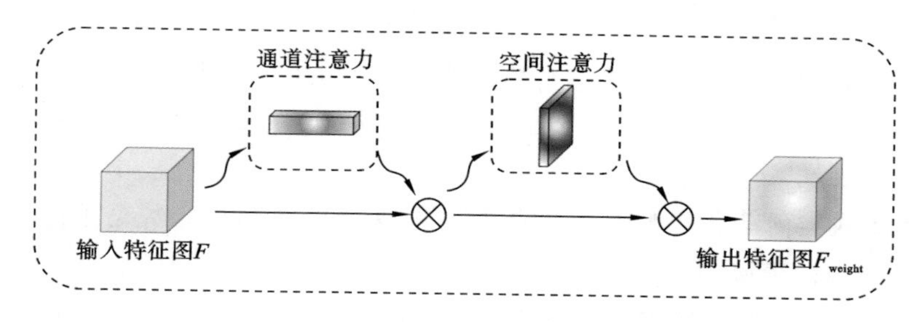


图 4-8　混合注意力机制的算法流程

## 4.2.4　基于遥感图像的碳足迹算法

随着大气中二氧化碳的含量不断增加，温室效应严重影响了社会生活和经济发展。因此，对二氧化碳排放量进行量化计算和预估，成为衡量国家治理环境污染能力和制定减排政策的重要指标。虽然以往常见的碳排放预测方法主要基于传统的时间序列分析、回归分析和神经网络等算法，但这些方法都存在一定的局限性。为了更有效地进行估算，本章提出了一种新的碳足迹估计方法，即基于遥感图像的碳足迹估计方法。

尽管遥感图像具有全方位和全天时等优点，并记录了不同地物的分布信息，但是原始的遥感图像较难直接观察或评估碳足迹。因此，我们需要通过一系列的数据和算法来估算碳排放程度。在研究过程中，如何选择合适的遥感数据和方法是需要解决的问题。

早在 2000 年，国内外许多学者通过遥感图像对二氧化碳排放量进行研究，张仁华等人[57]提出了基于遥感图像对地表植被的二氧化碳量估计方法，在理论和实验的验证下，证实了利用遥感数据进行碳排放估算是可行的。2002 年，陈四清[105]实现了基于遥感和 GIS 的土地覆盖变化和碳循环估算，并提出了小尺度和高空间分辨率的碳循环研究。方精云等人[106]在 2004 年通过整合观测数据和遥感信息，系统研究了中国过去二十年的碳汇情况，发现长三角和珠三角的快速城市化地区起着碳源的作用。2017 年，刘宇霞[107]使用基于中分辨率成像光谱仪(Moderate-resolution Imaging Spectroradiometer，MODIS)的遥感数据提出了一种新型常绿林物的反演算法，提高了在该条件下遥感数据的反演精度。

在国外，Dong 等人[108]使用加拿大、芬兰、挪威、俄罗斯、美国和瑞典六个国家的季节性 NDVI 数据，与林地上生物量的碳密度进行统计估计。Patenaude 等人[109]提出一种估算英国温带森林地的碳含量的方法，将遥感和地面调查方法结

合进行碳核算,有效将地上碳含量估计值扩展到更大的范围。Goetz 等人[110]通过遥感技术估算地表生物量,从而将有限的碳排放因子扩展到更大区域的估算,并合理利用多角度数据和高光谱测量数据,有效改善地表生物量估算的准确性,推算出相应的碳排放量。

考虑到人类活动通常伴随着碳排放过程,遥感的夜间灯光数据可用作计算模型的数据源。在于博等人[111]的研究中,使用了 2012 年至 2016 年的 Suomi NPP 的夜间灯光数据对哈长城市群进行碳排放测算,并发现该地区的城市碳排放呈现逐年下降趋势。实验结果表明,经济水平和人口密度对碳排放水平有着正相关影响。而杜海波等人[112]则通过将 DMSP 和 Suomi NPP 两种夜间灯光数据进行长时间序列重构,模拟了 2000 年至 2018 年黄河流域能源消费的碳排放情况。经过分析,发现黄河流域碳排放空间分布受多种因素同时影响,但经济发展水平对其影响最深。

综上所述,使用遥感卫星数据估算我国的碳排放量无论从理论和应用上都具备可行性。然而,现有方法中对碳排放评估的空间尺度通常只以国家或省级行政区作为研究对象,缺乏精细度,几乎不具备向下兼容性。此外,多数研究只进行了简单的多元回归分析。为此,本章提出了一种基于深度卷积神经网络的碳足迹估算算法,旨在改善这些缺陷和不足。

## 4.3 基于混合注意力机制的残差神经网络县级碳足迹评估算法

为了提高县级碳足迹评估的精度,本章提出了基于深度学习的碳足迹估计算法,利用海量高分辨率的多源遥感数据,研究中国各县城碳排放的空间关系。文中设计了深度卷积神经网络的评估框架,利用深度学习的强大特征提取能力,可以挖掘遥感数据中碳排放的深层特征,推断出全国县级的碳排放空间分布规律。在实验结果部分,本章对碳排放估算结果与官方统计的碳排放量进行了定量分析,结果表明本章算法与官方统计数据高度相关。最后,将估算值反演到空间网格上,可以观察到本章的空间估算结果更加精细,甚至能够计算出缺失的数据部分。根据定量和定性分析的结果,本章提出的方法能够有效估算中国县级区域的碳排放水平及其空间分布。

本章的算法研究分为以下三个部分。

(1) 选定多源遥感数据，进行一系列预处理，将样本数据集划分为训练和测试集。

(2) 设计一个能够估计县级区域碳足迹的深度卷积神经网络，通过训练网络模型，生成碳排放估计的回归模型。

(3) 将估算的碳排放结果进行定量和定性分析，并经过反演算法生成一张中国县级区域的碳排放足迹空间分布图。

尽管深度学习具有强大的特征学习能力，但在样本数据质量较差的情况下，网络同样难以学习到深层特征知识。因此，深度学习模型仅决定性能的下限，而样本数据的质量和类型决定性能的上限。根据应用需求，本章从多源遥感数据中筛选出与碳排放相关的数据，包括 Landsat 8 卫星的多个波段、Suomi NPP 的夜间灯光数据以及描述地形和海拔的 SRTM 高程数据，共选取了 11 个波段的多源遥感数据，并存放于第 2 章所搭建的多源碳排放数据平台。

图 4-9 所示的是 2015 年广东省多源遥感样本数据，可以直观观察不同类别的遥感图像，以及人类活动的程度和范围。其中，Landsat 8 各个波段数据反映了地表地物的分布情况，Suomi NPP 的夜间灯光数据则揭示了人类活动的空间分布情

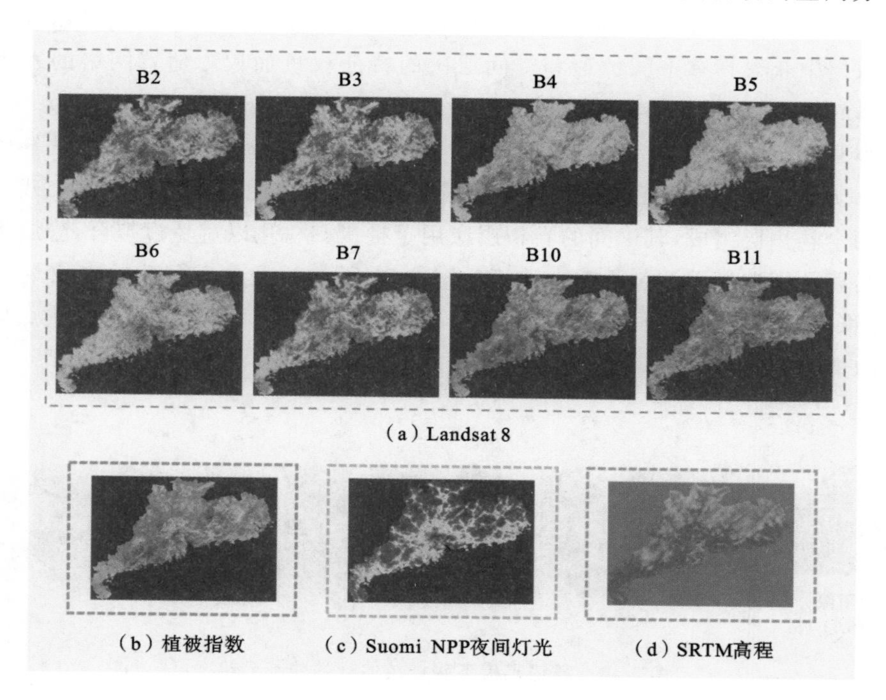


图 4-9　多源遥感数据广东省示意图

况，而SRTM高程数据则反映了观测区域的地形和海拔情况，通常人们倾向于居住和生活在地势平坦的区域。此外，本章样本的标签主要来源于2015年和2016年各行政区域官方统计年鉴中的二氧化碳排放量，主要包含省级数据和部分县级数据。本章采用2015年碳排放统计数据作为训练标签，而2016年的碳排放统计数据则被用作测试标签以验证模型的有效性。

由于原始遥感数据本身存在一定的质量问题，需要对样本数据进行辐射处理和几何校正等预处理。然后，使用从国家基础地理中心获取的边界矢量数据，裁剪出中国各县级行政区的数据，并将中国边境线以外的数据剔除。完成所有样本数据处理后，根据深度卷积神经网络的数据输入要求，将样本数据按36×36×11像素大小分割成图像块，方便进行模型训练。需要注意的是，有些图像块会横跨两个或多个县级范围，因此该部分的标签值会按跨越的比例进行加权计算。

本章研究如何从遥感数据中获取碳排放的空间分布特征，对模型性能要求较高。由于深度学习技术迅速发展，涌现了许多优秀的网络模型，其中ResNet残差神经网络模型较为有代表性，具有出色的性能和训练速度，因此本文选择ResNet-34作为基础算法模型，并加入混合注意力机制，使模型输出的特征图可以从多源遥感数据中获得具有不同信道和空间层次的特征权重加权。随着网络的逐步加深，可以提取出碳排放的深层特征。

本章介绍的网络结构主要包括卷积层、残差块、均值池化层和决策层，具体如图4-10所示。首先，前面的卷积层用于浅层特征提取多源遥感图像。每个残差块都由两个卷积层组成，其中间的卷积层应用了批量归一化以避免过拟合，隐层部分的激活函数则选择ReLu函数来计算。图4-11所示的是自适应残差加权块的流程，即将混合注意力机制模块加入到每个残差块的两层卷积层后，以增强重点特征的提取能力。

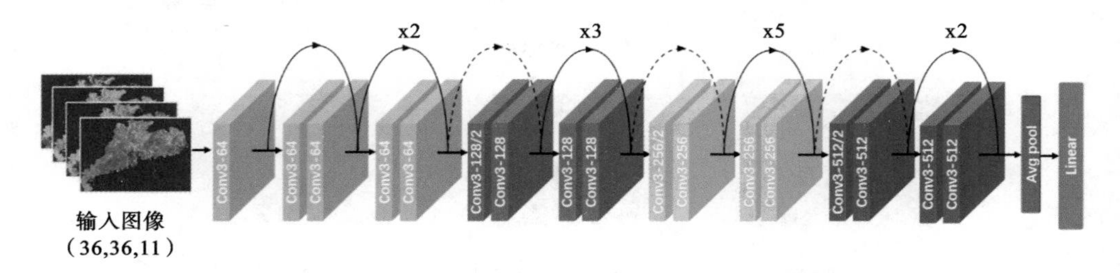


**图4-10　县级尺度下碳排放估计的残差网络**

在模型训练之前，需要对样本数据进行标准化处理以提升模型的鲁棒性。另

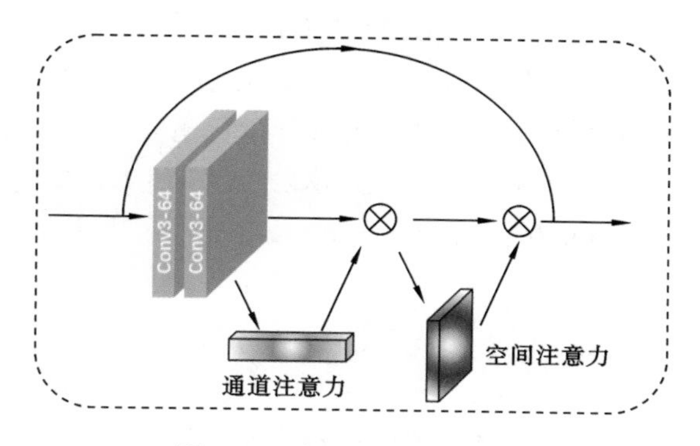


图 4-11 自适应残差加权块

外，还需要考虑到可能存在的样本类别不平衡问题，即模型训练结果容易偏向样本类别较多的部分，本章选择均衡采样策略来保证训练样本的每个类别数目都相对平均。而训练模型算法，采用 Adam 算法进行权重更新优化。由于本章训练的是回归模型，所以损失函数使用 MSE。在训练过程中，网络会不断迭代并返回梯度更新权重，直至模型达到收敛条件或触发停止条件为止。最终，所得到的回归模型可用于碳排放预测估计。

## 4.4 实验结果与分析

### 4.4.1 碳足迹数据集

近年来，许多国内外研究人员分别进行了碳足迹估算的研究，并公开发表了相关的研究成果，常见的碳足迹数据集包括中国碳核算数据库(Carbon Emission Accounts and Datasets, CEADs)、中国多尺度排放清单模型(Multi-resolution Emission Inventory for China, MEIC)、全球实时碳数据(Carbon Monitor)、国际能源署(International Energy Agency, IEA)和全球碳预算(Global Carbon Budget, GCB)数据库等。

本章所使用的中国碳核算数据库 CEADs 是由清华大学地球系统科学系的研究团队研制，对中国的碳排放数据按照不同行政区域进行要素采集和计算。其数据主要来源于各地官方环境相关的统计值，再通过数据收集和插值处理等技术手

段，以多尺度和高精度来评估出中国的碳排放情况。

本章对碳排放估算结果分别进行了定量和定性分析。对于定量分析部分，将本章算法所预测的碳排放值与官方统计值进行量化比较。另外，针对定性分析，则将估测值反演到空间分布图上，并与 2016 年 CEADs 的中国碳排放空间分布图进行对比，以验证本章算法的有效性。

### 4.4.2 实验结果分析

本章提出的碳排放估计算法是以县级行政区作为研究对象，所处理的遥感数据空间分辨率为 130 m。文中的算法是将 2015 年碳排放样本数据通过基于残差神经网络进行训练，经过一系列的调节参数和优化模型，得到了县级碳足迹的评估模型。然后，再利用 2016 年的测试数据对全国县级区域的碳足迹进行评估和误差分析，最后生成一幅空间分辨率约为 4.7 km 的 2016 年我国碳足迹空间分布图。

本章的碳足迹估计是根据图 4-12 的算法流程进行计算。首先，需要确定多源遥感数据的使用，以及建立模型的样本数据集。在数据筛选与处理过程中，所使用的多源遥感数据主要来源于 Landsat 8 的多波段地表数据、Suomi NPP 的夜间灯光数据和 DEM 高程数据。本研究从官方网站获取到 2015 年到 2016 年的相关遥感图像作为样本数据集，其中将 2015 年数据用于模型训练，而 2016 年数据则用作测试集。另外，样本的标签数据主要来源于官方统计年鉴 CEADs，由于标签数据是以文本数据项形式呈现，因此使用前需要将数据空间化，再结合前述重采样为 130 m 空间分辨率的多源遥感图像，使组成具体的样本数据集，而每个通道的图像

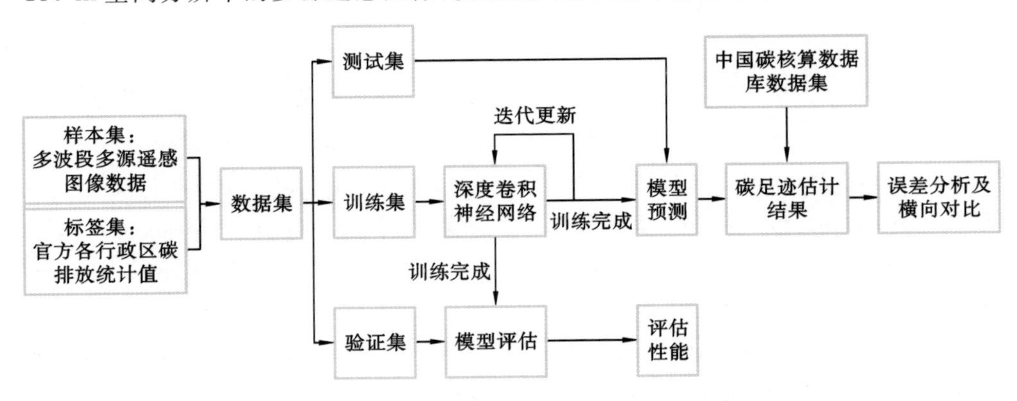


图 4-12　基于残差神经网络的碳足迹估计算法流程

大小为 43769×31945 像素。

由于区域经济状况是影响碳排放的主要因素，两者间具有高度相关性。因此，本章选择了能反映人类活动规律的多源遥感图像数据，其由 11 个波段数据组成，并在图 4-9 中给出了广东省 2015 年的训练样本数据示意图。此外，为了使多源遥感数据在网络中更容易训练，需要对样本数据进行适当的分割。所以文中划分的图像块大小为 36×36 像素，而每个图像块将以 12 像素步长进行重叠提取操作，尽可能地确保数据的连续性。

针对模型训练的方面，由于本章使用的样本数据空间分辨率为 130 m，而且包含了多个不同波段，所以导致样本数据集过于庞大，无论是硬件还是软件运算都将是个挑战，仅用一台计算机很难实现全部样本数据的一次性加载和模型训练。综合考虑到软硬件资源情况，将巨大的样本数据按照中国地理区域进行划分，包括有东北、华北、华中、华东、华南、西北和西南七大区域，具体划分细节如表 4-2 所示。而本章之所以将样本数据按照中国地理位置区域划分，除了降低运算的数据量，更有利于缓解中国地理分布差异对模型的影响。然后，分别对不同区域进行模型训练，并把七个区域的估算结果进行合并处理，输出最终整体碳排放的预估结果和空间反演图。

**表 4-2　本章模型训练的七大地区划分**

| 地区 | 省级行政区 / 区域 |
| --- | --- |
| 华东 | 上海市、江苏省、浙江省、安徽省、江西省、山东省、福建省、台湾省 |
| 华北 | 北京市、天津市、山西省、河北省、<br>内蒙古自治区中部（呼和浩特市、乌兰察布市、锡林郭勒盟） |
| 华中 | 河南省、湖北省、湖南省 |
| 华南 | 广东省、广西壮族自治区、海南省、香港特别行政区、澳门特别行政区 |
| 西南 | 重庆市、四川省、贵州省、云南省、西藏自治区 |
| 西北 | 陕西省、甘肃省、青海省、宁夏回族自治区、新疆维吾尔自治区、<br>内蒙古自治区西部（包头市、鄂尔多斯市、乌海、巴彦淖尔市、阿拉善盟） |
| 东北 | 黑龙江省、吉林省、辽宁省、内蒙古自治区东部（赤峰市、通辽市、兴安盟、呼伦贝尔市） |

对于模型训练参数的设置，本研究将训练轮次设为 35，以确保在训练轮次内能够达到收敛。在计算服务器可承受范围内，训练样本的批量处理数为 1024。而优化算法选择了 Adam 作为权值更新方法，损失函数则采用 MSE 均方

误差损失函数。此外，将训练网络的初始学习率设置为 1e-3，训练策略为每经过三轮没有得到精度提升，则将学习率降低一半。如果整个训练过程中，十轮的训练未有效果提升，则该训练会被终止。本章算法是通过 PyTorch 深度学习库编写，并部署在 2 块 Nvidia Tesla V100 显卡的 Ubuntu 服务器上，整个训练过程持续约 3 天。

为了验证所提出算法的有效性和鲁棒性，文中分别对 2016 年全国各县级行政区的碳足迹估算进行定量和定性分析。首先，需要把 2016 年样本数据分割成 36×36 像素的图像块，并将图像块的采样步长设置为 18 个像素，使采集到的样本数据在空间连续性上得到保证，有助于提高模型输出精度。然后，利用训练好的模型估算 2016 年全国县级区域的碳排放值，再与同年各县的碳排放统计值进行定量分析，过程当中使用的评价指标，包括 $R^2$ score、RMSE、MAE 和 MAPE。具体的结果如表 4-3 所示，可以看出本研究的估计值与官方统计值有很高的相关性，其中 $R^2$ score 最高可达 84%，而整体平均值达到 78%。另外，针对定性结果分析，本研究将各县的碳足迹估算值重新映射空间网络上，生成全国的县级碳足迹空间分布图，与 2016 年 CEADs 碳排放空间分布相比较，由于本章是根据区域的地表特征来估算碳排放值，因此，可以将 CEADs 数据集缺失的部分进行补充。而且本章模型可以输出更高精度的碳足迹估计结果，图 4-13 所示的是三个不同省份的预测结果，左边是提出方法的估计值，右边则是官方的统计值，根据实验结果得出本研究的结果值可以精细到像素点级别，并提供更多细节。从图 4-13(a)和图 4-13(c)的北京市与广东省的预测结果，可以观察到本章模型的高估计值地区，主要集中于人

**表 4-3 本文的七大地区碳足迹估计与对应统计值的定量结果**

| 地区 | MAE | MAPE | RMSE | $R^2$ Score |
|---|---|---|---|---|
| 华北 | 2446.20 | 47.72 | 8961.70 | 0.7483 |
| 华东 | 3527.06 | 69.96 | 12880.01 | 0.7141 |
| 华南 | 1686.57 | 87.71 | 3468.65 | 0.7952 |
| 华中 | 2250.33 | 65.19 | 4543.68 | 0.8274 |
| 西南 | 3935.59 | 67.19 | 13371.97 | 0.6992 |
| 西北 | 1283.03 | 113.35 | 3482.17 | 0.8429 |
| 东北 | 1284.00 | 176.62 | 3330.08 | 0.8185 |
| 总平均 | 2344.68 | 89.68 | 7148.32 | 0.7779 |

口稠密与经济发展较强的区域，所以其碳排放的浓度会更高，与主观认知相符。经过全国各县碳足迹估计的定量和定性分析，表明本研究提出的算法可以有效估计出不同县级区域的碳足迹，具备鲁棒性和泛化性，为后续区域的关联分析与减排策略提供了数据支持。

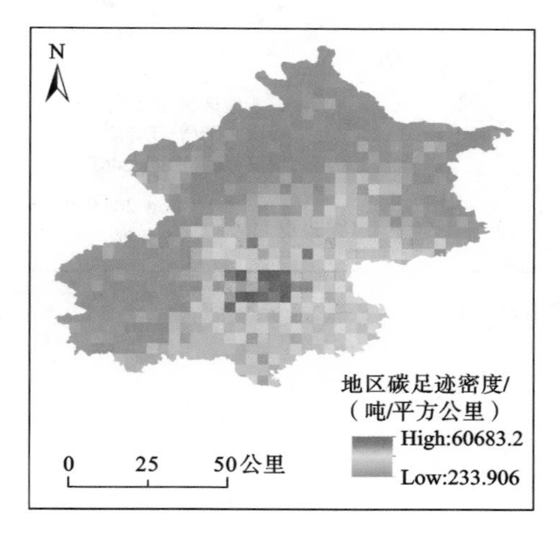


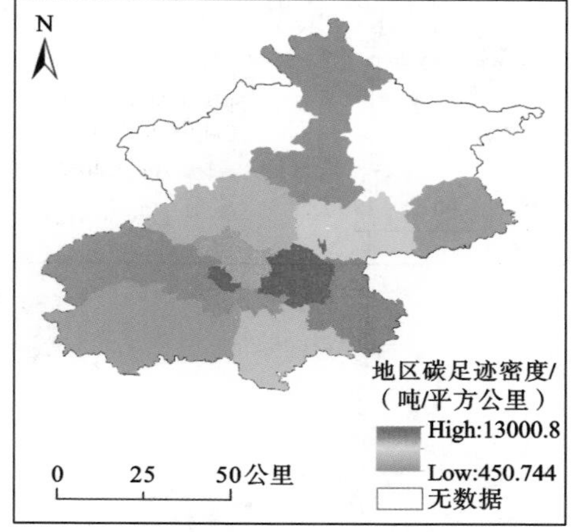


（a）北京市

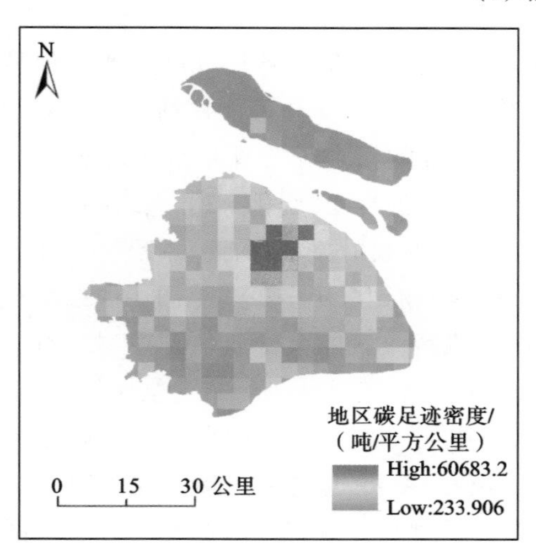


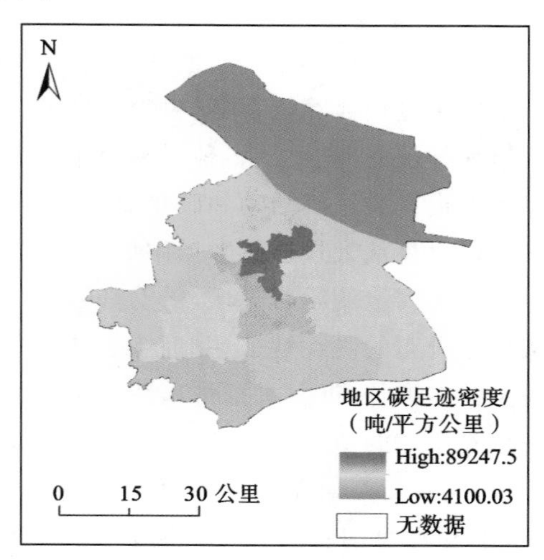


（b）上海市

图 4-13　2016 年北京市、上海市和广东省的碳排放密度估计与统计值对比

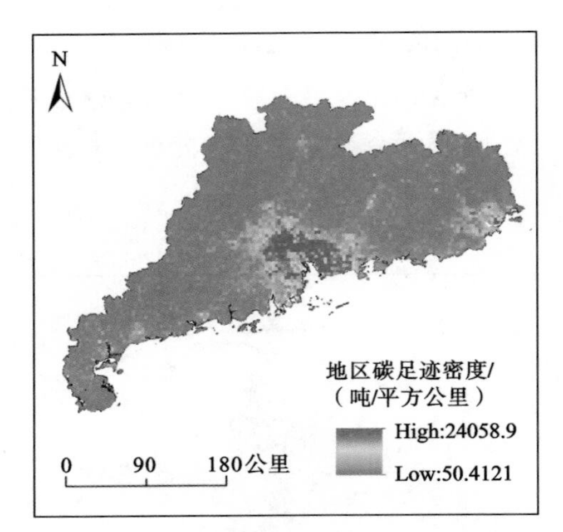


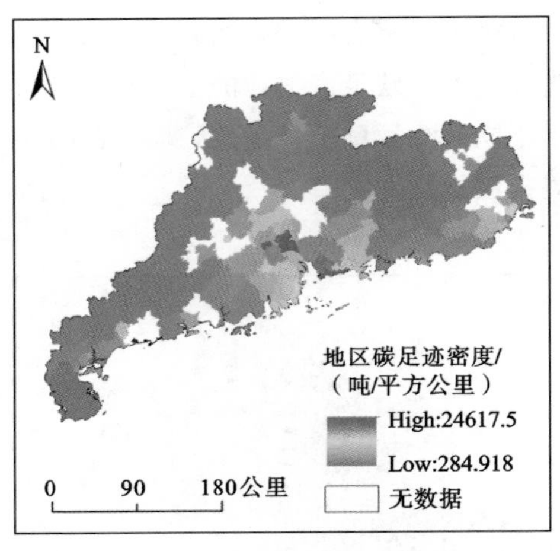


（c）广东省

续图 4-13

## 4.5 本章小结

为了解决传统碳排放估算方法的不足，本章提出了基于县级尺度的残差神经网络碳足迹估计算法，从遥感数据处理、算法模型改进和算法性能评估三个方面展开研究。首先，需要从多种遥感图像中选择合适的数据来对模型进行训练，使其可以反映出人类经济活动和碳排放相关的地物分布规律及其变化。由于传统估计方法难以直接从大量遥感数据中提取碳排放的非线性映射关系，因此，本研究选择了深度神经网络的学习算法，借助其强大的特征提取能力，从多源遥感图像中归纳出碳排放分布的内在特征，并训练了基于中国县级行政区的碳排放估算模型。对于模型性能评估方面，本章将预估的结果与官方碳排放统计值进行了定量比较，结果显示本研究的拟合优度可高达 84.29%，这也说明了本章算法的鲁棒性。除定量分析外，本章还对碳排放估算结果进行空间网格化，并生成了一幅空间分辨率为 4.7 公里的全国县级尺度碳足迹空间分布图。经过与官方统计值的空间分布图的定性分析，可以观察到在相同区域内，本章的估计结果要比统计值更加精细。由于本章模型学习到碳排放的分布特征，因此对于缺乏数据或者误差区域也可以进行有效估算。综合了定量和定性分析的实验结果表明，本章所提出的基于残差神经网络的碳足迹估计算法，可以有效估算县级行政区的碳排放程度，解决了精度低和泛化差的问题，为该领域研究提供了参考方向。

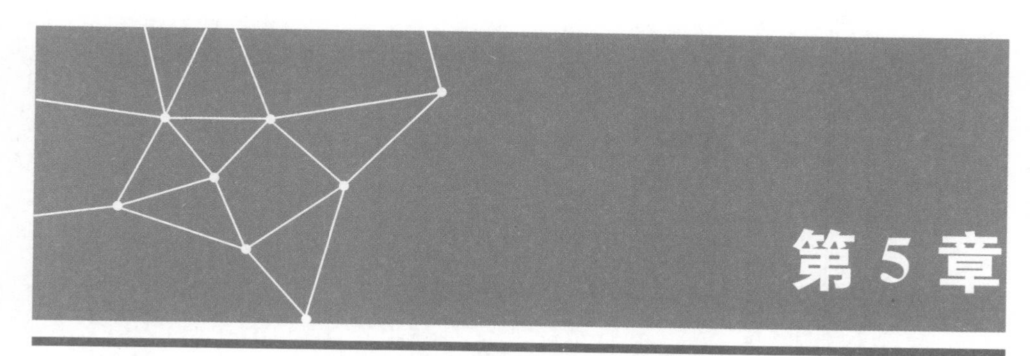


# 第5章 基于遥感数据的碳排放空间特征关联分析与减排策略

## 5.1 本章引论

由于中国国土面积广阔，且产业分布不均，各地区的城市化进程存在一定差异。如果盲目制定不适当的减排政策，轻则无法有效减排，重则影响经济发展和引发民生问题。针对有关的减排政策制定需要综合考虑该区域的产业结构和人口分布等因素。因此，对于全国县级碳排放的空间特征与经济发展的关联分析尤为重要，从而制定适合于目标区域的减排政策。

为了可以直观区分中国各县碳排放的差异，本章先从宏观的遥感数据来研究县级行政区的碳排放规律，分析不同地区的碳排放情况，并给出相应的减排措施与策略。该过程主要基于第 4 章碳排放估计的空间分布结果，借助 k-Means 和模糊聚类的机器学习算法，对全国范围内的碳排放进行不同类型划分，可以快速且有效地反映出各县级行政区域的碳排放空间差异，再根据聚类结果并结合该类地区的城市化程度、支柱产业类型和地理气候特征等特性进行关联分析，然后配合第 3 章微观层面的商住建筑碳排放的分析，从而最终制定出针对每类碳排放水平的节能减排策略。

# 5.2 研究背景与相关工作

## 5.2.1 聚类算法介绍

**1. k-Means 聚类算法**

k-Means 是一种经典的机器学习聚类算法。该算法特点是复杂度低和计算速度快等，即便是处理大数据时，k-Means 也能保持一定的速度且具有较好的聚类性能。因此，k-Means 算法被广泛应用于大规模数据和实时性要求的场景。经过综合的性能比较，本章采用 k-Means 算法对全国县级区域的碳排放类型进行聚类划分，后续将介绍 k-Means 原理及其应用流程。k-Means 算法是一种将数据点划分到不同簇的算法，其划分依据是以欧氏距离作为衡量规则，该表达式如式(5-1)所示，其中 $x_i$ 表示第 $i$ 个数据点的值，$y_k$ 表示第 $k$ 个簇的中心点的值。不过数据均值或者方差较大会严重影响算法性能，同时离群点也会影响数据簇的中心点计算。由于本研究所用的碳足迹遥感图像极差较大，需要先统计出该数据的最大值和最小值，然后将其归一化到 0 到 1 之间。则有

$$D(x_i,y_k)=\sqrt{(x_i-y_k)^2} \tag{5-1}$$

k-Means 算法的目标函数可以表示为

$$L=\sum_{i=0}^{N}\sum_{k=0}^{K}D(x_i,y_k)=\sum_{i=0}^{N}\sum_{k=0}^{K}\sqrt{(x_i-y_k)^2} \tag{5-2}$$

式中：$N$ 表示需要聚类的数据点总数；$k$ 表示聚类数据簇的数量，也就是类别数。

最小化式(5-2)的目标函数，可以实现数据点内同类别距离最小化，不同类别距离最大化，即同类数据相似度最高，异类数据相似度最低的聚类目标。

以下是对 k-Means 算法流程的介绍，大致分为以下步骤。

(1) 聚类数据簇数量 $k$ 确定。

k-Means 算法的关键在于 $k$ 值选取。若 $k$ 值过小，可能导致大部分不同类的数据点无法分隔开；若 $k$ 值过大，则会将同类的数据点分隔开。一般根据经验或者应用场景来设置聚类数 $k$，或通过网格搜索法来搜索 $k$ 的最优值。

(2) 数据簇中心位置初始化。

由于数据样本空间中随机选取 $k$ 个点作为初始的数据簇中心点，因此每次运

行 k-Means 算法的聚类结果都会不一样。

(3) 将所有数据点归类至某一数据簇。

聚类划分需要遍历所有数据点,计算数据点与 $k$ 个中心点之间的欧氏距离,确定和选取距离最短的中心点所代表的数据簇作为该数据点的数据簇。

(4) 数据簇中心点迭代更新。

当每一类的所有数据点都计算过,可以得到数据点所组成的数据簇中心位置,并将原本的数据簇中心移动至该中心位置。整个聚类过程需要重复步骤(3)和步骤(4),直至数据簇中心移动距离小于阈值或者迭代次数。

针对本章的碳排放空间特征分析,需要对全国范围内各县的碳排放类型进行划分,而其对应的遥感图像数据量较大,如果直接采用 k-Means 算法则会花费较长的时间。为了切合本研究的应用场景,本章采用了小批量(Mini Batch)k-Means 算法,其可以在不降低聚类精度下,大幅减少计算时间,更有利于后续的分析研究。

Mini Batch k-Means 与一般 k-Means 聚类算法的区别在于,该算法会将所有的数据先随机分割成多个训练数据子集,而不是一次性训练所有数据,除了可以保持同样的计算精度,还可以有效降低算法的运行时间。Mini Batch k-Means 算法的大致流程如下。

(1) 分割训练数据集。

该算法会先将所有训练数据随机分割出若干个小批量的数据子集。

(2) 初始化数据簇中心位置。

从所有的数据子集中随机选取一个子集作为初始训练数据,再对该子集使用 k-Means 算法计算出数据簇的中心位置。

(3) 随机抽取训练数据子集。

从剩余的数据子集中随机选取其中一个数据子集,并将新添加的数据点分配至距离最近的数据簇中心点,然后使用 k-Means 算法更新数据簇中心位置。

(4) 更新数据簇中心。

为了遍历所有数据,需要重复执行步骤(3),直到所有的数据子集都被计算,且数据簇中心距离与迭代次数达到阈值。

**2. 模糊聚类算法**

k-Means 算法与模糊聚类算法具有相同之处,都是基于欧氏距离对数据点进行聚类的算法,但两者间的区别在于 k-Means 算法是硬划分,对于每个数据点有且仅有一个类别的分配,而模糊聚类算法则是为每个数据点分配一个关于所有数据簇中心的隶属度,如果隶属度越高,说明该数据点属于该类的可能性越高。模糊聚类算法在目标函数中引入了隶属度矩阵,并可简单表示如下:

$$L = \sum_{i=0}^{N} \sum_{k=0}^{K} \mu_{i,k}^{m} D(x_i, y_k) = \sum_{i=0}^{N} \sum_{k=0}^{K} \mu_{i,k}^{m} \sqrt{(x_i - y_k)^2} \tag{5-3}$$

式中：$\mu_{i,k}$表示第 $i$ 个数据点对于第 $k$ 类的隶属度；$m$ 为隶属度影响因子，也是该算法的超参数。

模糊聚类算法的总体流程类似于 k-Means 算法，只是在数据点的类别判断方面略有不同。该算法选择的不是距离最近的数据簇中心点，而是选择与该数据点隶属度最高的数据簇。在更新数据簇中心点时，模糊聚类算法根据所有数据点与该数据簇中心点的隶属度，以及它们之间的欧氏距离进行加权计算出类中心点。

## 5.2.2 碳减排策略研究

为了降低碳排放对环境的影响，我国不少学者持续展开对碳减排相关的研究，旨在为中国的碳排放估算和减排工作做贡献，支撑碳达峰碳中和目标的实施。平新乔等人[113]规划展望了“十四五”期间中国减排应关注高碳排放省份和电力行业，作者分析了碳排放强度的趋势图，并理证了中国的减排政策已经取得了一定的成效。同时文中还指出，推行碳税和完善碳交易市场有助于降低企业的碳排放量。曹庆仁等人[114]基于熵值法研究了 30 个中国省份的低碳竞争力，以及验证了市场激励型碳减排政策更有利于碳减排的实施。李锴等人[115]评估了不同碳减排政策对低碳工业结构的影响，其研究结果指出节能目标政策明显推动了工业结构的低碳化进程，而新能源补贴虽然有效，但存在区域性和滞后性的影响，使开放碳市场并未对工业结构产生明显的推动作用。王保乾等人[116]指出，当前中国面临着“碳污同源”的问题，其主要的成因是由于过去的产业结构偏向于高碳和高能耗的产业。因此，作者提出了科技减排的策略，并使用基于数据包络分析的 CCR 模型，最后得出绿色能源使用比例越高，碳排放的减少越明显的结论。兰洲等人[117]通过优化数据中心的调度和引导用户需求，根据其仿真实验结果显示，在高峰时段的合理补贴机制可以有效提升可再生能源的发电和消纳，推动新能源的发展，促进碳减排目标的实现。佘群芝和李雪平[118]分析了推迟援助对气候政策实施的可行性。

综合来看，大部分减排相关的研究都聚焦在高碳产业转型、新能源应用和政策激励等方面。但大部分的研究对象都是以省级单位进行碳减排研究，而每个省份内的产业结构和城市化发展可能存在差异。如果不加以更精细的空间尺度去评估碳排放与减碳措施的实行效果，就可能忽略掉某些具有差异性的地区，导致难以分析出碳排放的内在原因，也无法从源头上实施适当的碳减排政策。

### 5.2.3 本章主要内容与结构安排

为了精准判断碳排放水平和提出相应的减排策略，本章提出了一种基于遥感图像的县级碳排放空间特征关联分析方法，并从不同层面研究碳足迹排放规律。从宏观层面上，将前章对全国各县的碳排放结果的空间分布图作为研究基础，再应用了 k-Means 算法和模糊聚类算法对各县的碳排放类型划分，以发现全国范围内各区域的碳排放特征差异及其影响因素。另外，对于微观层面上，本研究通过智能传感器采集到不同商住建筑的碳排放数据，然后根据第 3 章提出的碳排放预测模型，研究了不同地区商住建筑的碳排放特点，并分析了建筑内碳排放情况及其主要原因。综合宏观层面和微观层面的分析和结论，提出了具有针对性和全方位的碳减排措施。本章算法的具体流程如图 5-1 所示。

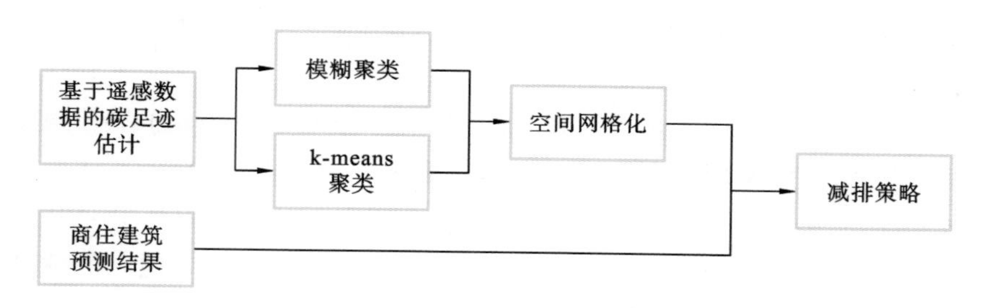


图 5-1　基于遥感数据的碳排放空间特征分析流程图

## 5.3 基于遥感图像的碳排放空间特征关联分析

本章的研究目标是利用已估算的碳足迹遥感图像，对我国县级区域进行空间特征的聚类分析，根据不同的碳排放水平进行类型划分。综合考虑到这些类型所在地区的经济发展特点、城市化进度等多种经济和政治因素，为这些地区有针对性地制定合理的节能减排策略。

为了分析碳排放的空间特征关联情况，本章尝试了不同聚类方法进行研究，尝试通过模糊聚类进行关联分析，但由于聚类类别过少，应用模糊聚类方法容易将差异不大的数据点归为同一类，难以区分不同区域之间碳排放的水平。因此，本研究选择了 Mini Batch k-Means 算法，把聚类中心点数量设置为 5，包括自然、轻碳、中

碳、重碳和严重五个碳排放级别；而数据簇中心点的初始化算法则采用“k-Means++”，对于每个训练数据批次大小定为4000，计算过程中最大迭代次数为300。在聚类分析前，需要对遥感图像归一化处理，再将数据从二维空间投影至一维空间进行聚类。

由于本章的聚类数据是一幅43769×31945像素的碳排放密度图，其像素点达10亿以上，难以将所有样本点都纳入计算。因此，为了提高算法的处理速度，需要对样本点进行随机抽样，选择其中1500万个数据点作为训练数据。然后，对训练数据使用Mini Batch k-Means算法进行聚类，分别得出了5个数据簇中心点的位置。最后，遍历了原图像的所有像素点，并根据像素点上的值与所有数据簇中心点之间的距离分配类别标签。

本章考虑到不同地区的城市化和产业的差异，大致将碳排放水平划分成5类，分别是自然、轻碳、中碳、重碳和严重级别，具体的碳排放分类如图5-2所示。该5个类别的碳排放水平在地理位置上有着明显的分布特点，后续部分可以根据各个类别展开分析与碳减排政策提出。

本章研究将低程度的碳排放划分成自然级别。我国自然级别的碳排放主要分布在西藏、青海、新疆和内蒙古等地。根据地理角度的分析，这部分地区的海拔较高，植被繁茂，人口稀少，所以人类活动较少。如果从经济角度来看，这些地区主要依靠畜牧业发展，几乎没有大规模的工业耗能和污染。所以这些地区的碳排放量与自然环境基本相若，达到了碳中和水平。

对于碳排放为轻微与中等程度，这两类碳排放水平主要分布在我国沿海至内陆地区。从地理角度来看，这些地区主要是高原和盆地等地形，其气候方面则以季风气候为主，雨季与炎热季节相同，更适合发展农业。另外，在经济层面上分析，中度碳排放分布的地区通常是三线城市和四线城市的过渡地区；而轻度碳排放则分布在四线城市和五线城市，这些地区的经济发展主要依赖于周边发达城市的辐射，其支柱产业以农业为主，城市化程度较低。

碳排放重度与严重级别的区域主要在我国的沿海地区。通过经济发展分析，这些地区大多都是省会城市和沿海发达城市，经济发展处于发达水平。由于有着极高频率的人类活动，意味着这些区域的能源消耗和碳排放量保持很高程度。如果按地理分布来说，该部分区域的人口密集，城市内高楼林立，这也会造成非常严重的城市热岛效应[119]。而且热岛效应会妨碍空气污染物向城市外围扩散，导致城市内部温度升高，迫使人们消耗更多的能源来降温，加剧了碳排放的情况，整个过程形成了一个死循环。因此，针对这些地区的碳排放问题，需要重点关注于商住建筑的能源监测与消耗优化，以打破城市热岛效应所带来的碳排放影响。

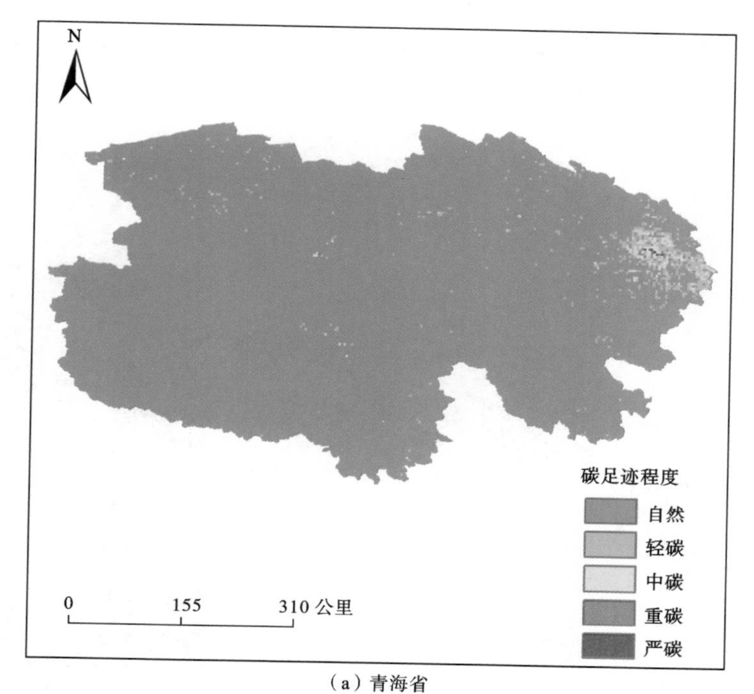


（a）青海省

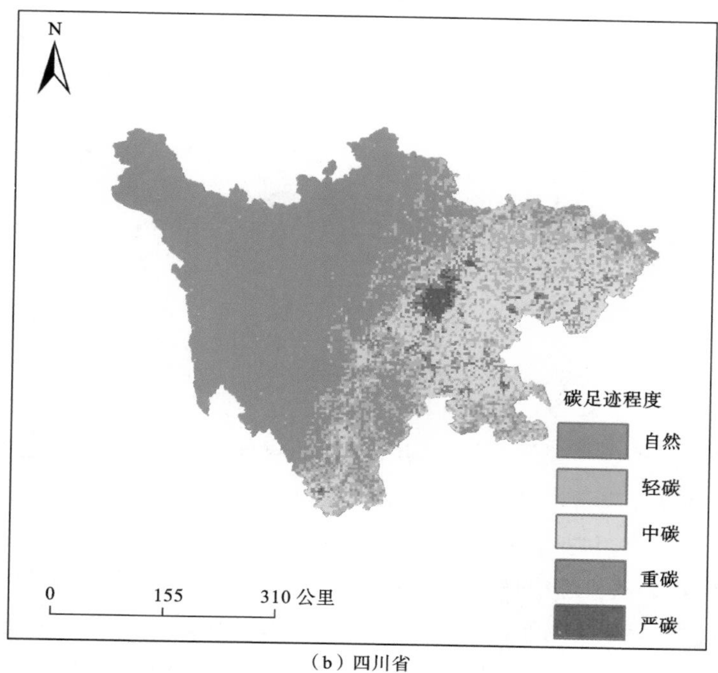


（b）四川省

**图 5-2　经过色阶调整的 2016 年中国县级碳排放分类**

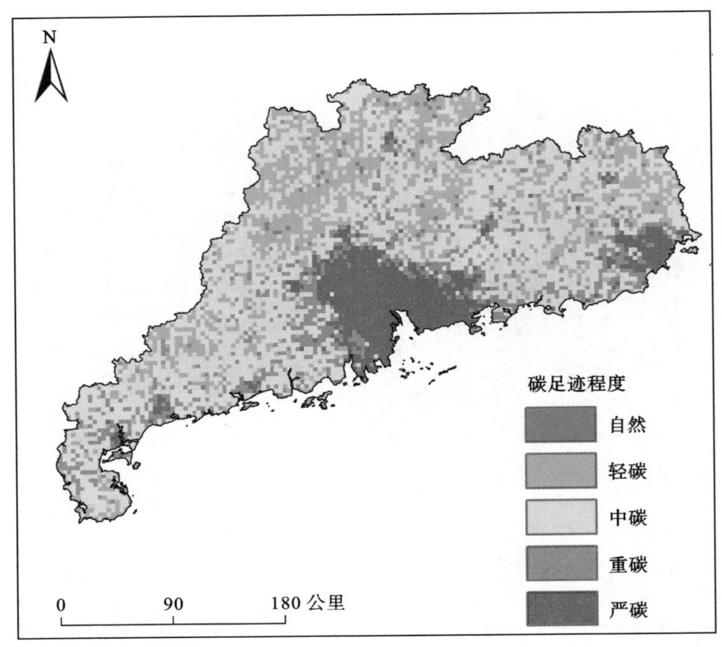


（c）广东省

续图 5-2

# 5.4 针对性碳减排策略

## 5.4.1 宏观的碳减排策略分析

为了了解我国各县碳排放的空间特征关联分布，本章对 2016 年县级行政区估计的碳排放密度图进行聚类分析。本研究根据城市化与其产业等差异性，将碳排放水平分为 5 大类，包括自然、轻碳、中碳、重碳和严重级别。通过 Mini Batch k-Means 聚类方法，随机选取该遥感图像的部分样本点进行训练，并计算出这 5 个类别的中心点。然后遍历整个遥感图像进行划分，再根据其聚类结果反演到空间网格上。最后，根据其碳排放水平给出对应的减排分析与策略。

我国碳排放为自然水平的地区广泛分布于西藏自治区、青海省、四川省西北区域、甘肃省西北区域、新疆维吾尔自治区南部地区，以及小部分内蒙古自治区，而其他省份占比很少，如云南、贵州和陕西等。这些区域同时包括了我国的四大牧区，主要分布在西藏、青海、新疆和内蒙古。自然级别的碳排放所属地区地广人稀，缺乏大型的工业耗能，拥有着广袤的草原，其产业大多以畜牧业为主，碳排放强度表现相对贴近自然。因此，本研究认为针对该地区的减碳政策应该包括以下几点。

(1) 以保护生态环境为主，维持当前较低碳排放水平。

(2) 在不影响畜牧业发展的前提下，积极推广固碳技术，如再利用农作物秸秆进行还田和草地轮作等，以恢复土壤质量。

(3) 分类储存畜禽粪便，减少内部碳排放和氮肥使用，提高土壤有机质含量。

(4) 积极推广沼气综合利用和可再生能源开发，以实现减污降碳。

(5) 引入市场激励机制，通过碳排放评估为产业发放国家补贴，激发减碳积极性。

为了更好地描述和统计聚类结果，本章将同一省份内碳排放程度较为接近的区域进行合并描述，如轻碳区域和中碳区域。这些区域主要涉及黑龙江、吉林、辽宁、内蒙古、甘肃、福建和海南等省份。依照地理位置来看，这些区域普遍位于中国第二阶梯区域，地形以高原和盆地为主，而气候方面则以季风气候为主，所以地域更适合于农业发展。从经济发展角度分析，这两类碳排放区域通常靠近省会，且围绕省会发展呈散点分布，不过其发展程度落后于省会，容易导致省内发展不平衡的情况。因此，针对这些地区的减排策略应以农业、轻工业等相关产业改进为主。

(1) 政府应坚决淘汰落后产能，推动产业转型，并进行监督管理。

(2) 加强科学减排，优化工艺技术，提高能源利用效率。

(3) 大力推广农业生物质能等清洁能源的商业化使用。

(4) 优化土地利用，合理增加林地、湿地等碳汇面积。

(5) 结合不同地区的产业结构特点，采用低能耗生产模式，实现“边减排边发展”的目标[115]。

对于碳排放级别为重度与严重的区域，它主要分布在各省省会及其组成的城市群，包括京津冀、长三角和珠三角等地。在国家的政策推动下，这些地区的经济高度发展，但也伴随着高频率的人类活动与生产所带来高程度的碳排放和能源消耗。另外，由于这些城市人口密度高，城市里高楼林立，会带来严重的热岛效应，导致空气污染物难以消散，而严重的热岛效应也会使得城市内部温度升高，迫使人们消耗更多的能源来进行降温，加剧了碳排放量。例如，长三角地区主要围绕上海为核心的发展模式，其周边的经济水平普遍较高，居住人口稠密，其能耗也比普通内陆城市高得多。所以高度城市化会使各行各业的能耗增加，产生了大量的碳排放。

由于重度与严重碳排放的区域也是中国碳排放水平的高峰，因此这些地区必须严格执行国家碳达峰和碳中和目标。为此，本章提出以下几点减排政策建议。

(1) 加强低碳意识的培圳与树立，促进低碳生活，减少不必要碳排放。

(2) 调整能源密集型产业结构，提升能源利用率或者采用清洁能源替代。

(3) 推动低碳节能技术的发展，提高能源系统的效率。

(4) 推广生物固碳，增加植被和森林等城市建设，并提高碳汇能力，从而有效缓解热岛效应。

(5) 完善碳交易市场机制，有效促进当地企业降低温室气体排放。

### 5.4.2 微观的碳减排策略分析

针对微观层面的碳减排，本章节通过第 2 章所构建的多源碳排放数据平台进行分析，主要研究对象是不同地区商住建筑的碳排放数据，然后利用第 3 章提出的碳排放预测算法，分析研究了不同区域商住建筑的碳排放特点，发现常见的商住建筑碳排放量主要来自建筑内部的温度和照明控制，即空调和灯光系统的耗能。因此，本章针对上述两个问题提出相应的碳减排策略。

**1. 温度方面**

一般商住建筑都具有较高吸热率和较低比热容等特性，使得温度控制变得困难。另外，由于城市热岛效应的严重影响，建筑物外部的空气温度也经常超出人类舒适温度范围。因此，商住建筑通常依赖空调系统进行温度调节。而为了减少对空调系统的能耗，需要增加利用自然条件排热的手段，如加强建筑隔热、采用自然通风、利用太阳能等方法来减少空调系统用能。

**2. 照明方面**

由于高度城市化的商住建筑密度较高，而建筑物间的距离过小，导致大部分商住建筑采光系数偏低。因此，在白天阳光充足的情况下，仍需要依靠商业建筑物的照明系统提供光线。针对照明系统能耗的减少，应该尽可能地优化建筑设计和布局，在设计阶段就要注重采光方案。另外，建筑物内可以采用更加智能的 LED 照明系统，如引入光控系统和人体感应传感器等智能设备，以提升照明系统的控制和管理水平，避免电力能源的浪费。

另外，针对未来商住建筑的设计提出以下几点建议。

(1) 建筑物选址应尽量远离周围已有建筑物，以减少建筑物间的遮挡和“屏风效应”的影响。

(2) 统计建筑物位置的自然光线分布情况,可采用升降式设计,使整体呈现斜三角形,以增大建筑物的受光面积。

(3) 增加建筑物的镂空结构来增强建筑物内的空气对流。

(4) 对建筑物的各个主要进风口处应增加遮阳结构,如高层与低层之间的错位设计。

## 5.5 本章小结

为了分析我国各县级行政区的碳排放差异和提出对应的减排策略,本章提出了基于遥感图像的县级碳排放空间特征关联分析方法,并根据不同层面研究碳足迹排放规律与减排策略。对于宏观层面的分析,本研究将全国县级碳排放空间分布图作为研究基础,并选择了 Mini Batch k-Means 的聚类方法,对全国县区的碳排放值进行不同类型的划分,可以快速且有效地反映出各县级行政区域的碳排放空间差异及其影响因素,并协同分析它们的内在关联。对于微观层面的分析,本章研究通过第 2 章所构建的多源碳排放数据平台,以商住建筑的碳排放数据作为研究对象,结合第 3 章提出的碳排放预测算法,分析不同区域商住建筑的碳排放特点及其主要原因。本章综合了宏观和微观层面的碳排放分析和结论,提出了具有针对性的碳减排策略与措施。

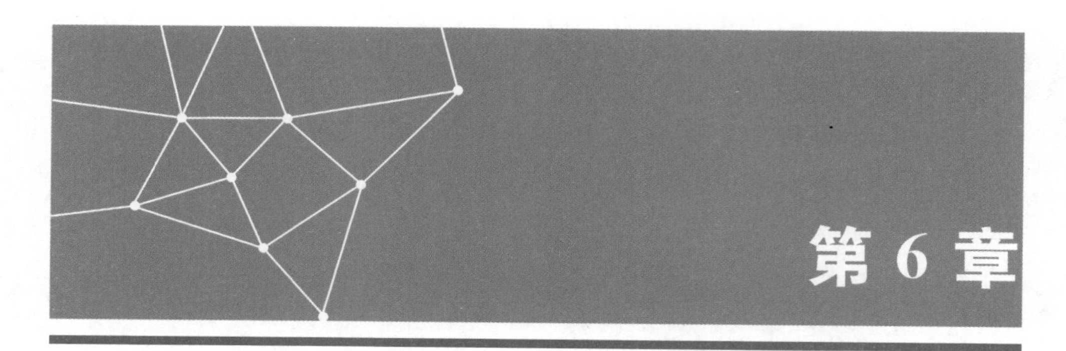

# 第6章 全书总结和展望

## 6.1 全书总结

从国家双碳政策实施的研究背景下，基于多源数据的碳排放关联预测和分析的跨学科应用，具有实际的研究意义。因此，本书的研究重点在于不同层面的碳排放定量估计与减排策略建议，分别从数据处理、评估模型构建和减排策略分析三个方面，对目标区域的商住建筑碳排放进行关联特征分析研究。而本研究通过微观地分析地区的商住建筑碳排放特点，再到宏观层面的区域碳足迹分析，实现从点到面的综合分析区域碳排放情况，并提出相应的碳减排策略。

在研究过程中，本书面临着几个关键问题需要解决。首先，本研究的遥感卫星图像还是城市建筑碳排放数据，其数据量都非常庞大。面对如此海量的数据，如何使用合适的方法进行有序组织与管理，并将数据应用于实际场景。另外，针对商住建筑碳排放预测模型的泛化能力是算法性能的一项挑战，即如何提高模型在商住建筑碳排放预测准确性，同时也要确保模型在未学习过的商住建筑碳排放数据上保持良好表现。对于商住建筑碳排放估计除了涉及建筑物内部的环境因素，还需要考虑外部环境因素的直接影响，由于传统的碳排放评估方法在精细或者广阔的评估区域面临着特征分布复杂与数据量丰富等问题，使其碳排放量的估计误差逐渐增大。此外，我国各区域的碳足迹空间分布不一，如何精准判断全国范围内各县级碳排放程度将本书的研究难点之一。

本书研究从关键问题出发，将整个关键问题归纳为一个核心问题，即如何有效、宏观和客观地分析碳足迹的空间差异分布，并提出了基于多源数据驱动的商住建筑碳排放关联预测与优化研究的技术整体框架，具体的研究工作如下。

**1. 有序组织并利用多源碳排放数据**

针对不同地区的商住建筑碳排放和遥感图像进行多源异构的数据管理，本书构建了一个基于多源碳排放的信息管理平台，主要功能包括多源数据汇集、处理分析和数据展示等。通过多源碳排放数据平台可以快速了解目标区域碳排放的时空数据，再结合数据驱动的算法来监测和评估碳排放程度，及时发现碳排放量异常波动。因此，多源碳排放数据平台对数据分析与预测起着关键作用，为制定科学且合理的减排策略提供依据，实现碳排放的可持续管理。

**2. 构建商住建筑的碳排放通用预测模型**

本书利用物联网设备收集商住建筑的碳排放数据，如温度与湿度和空气质量等，构建了一种基于深度学习的通用碳排放预测模型。它是基于自注意力机制的多维度时间序列预测算法，结合不同时间周期的碳排放趋势特征，提升了模型的性能与泛化能力。在实验结果表明，所提出的模型除了有不错的预测结果外，还可以在不同地区和气候环境下的观测点进行迁移预测，进一步验证了该模型的通用性。通过商住建筑的碳排放预测研究，可以对关键的影响因素优化处理，促进碳减排工作的开展。

**3. 量化评估县级尺度的碳排放水平**

由于目前碳排放估计算法的空间分辨率较为粗糙，难以实现精准估计。因此，本书提出了一种基于深度卷积神经网络的碳足迹估计方法，选择模型性能更为优越的残差神经网络作为基准模型，再搭配混合注意力机制模块，从多源遥感图像中分析县级碳排放相关信息特征，并量化计算县级尺度的碳足迹水平，然后将结果反演到空间网格上。通过实验的验证，书中提出的县级碳排放评估算法具有较高的精度和可靠性，可以有效地估计出我国县级行政区的碳排放量，为碳足迹估计提供一种新的可行途径。

**4. 宏观分析碳足迹的空间差异分布**

本书以我国各县级碳足迹的估算结果作为基础，提出了基于遥感图像的空间聚类方法，对遥感数据与碳排放进行关联分析，以揭示我国县级行政区碳排放的空间分布特征，分析了碳排放与地形、气候等自然因素之间的关系，了解碳排放的形成机制。再根据分析结果，对不同程度的碳排放空间特征和对应地区的经济发展特点，结合前面商住建筑排放的结果分析，针对性地提出从宏观到微观的减排策略。

## 6.2 未来展望

书中的研究综合运用了多源遥感卫星数据和智能传感器采集的商住建筑碳排放数据，实现我国从宏观到微观层面的碳排放关联分析，然后为各地区和商住建筑的碳排放水平制定了针对性的节能减排策略。虽然本书获得一定的研究成果，但在实施过程中仍出现了不足和局限性。因此，本书提出以下几点建议，以指导未来的研究工作。

**1. 增加数据的多样性**

在已构建的多源碳排放数据库的基础上，添加更多的环境数据，以提升碳排放的估算精度。例如，商住建筑的主要碳排放来源是各类电器的能耗，加入建筑用电量不仅方便分析碳排放水平，还能监督减排策略的实施情况。另外，针对商住建筑的碳排放监测，还可以部署更多的传感器，即增加数据采样点，拓展研究数据的数量和种类多样性，提升算法的评估结果。

**2. 增强商住建筑碳排放预测模型的通用性**

本书提出的多因素多维度时间序列预测算法结合了光照和 PM2.5 等多种与二氧化碳排放量相关的因素进行联合分析预测，获得比一般模型更为泛化的预测结果。但当样本数据分布差异过大时，预测值与真实值依然存在一定的偏移。因此，在后续研究中，可以考虑采用因果卷积对多因素进行特征提取。因果卷积注重数据之间的先后顺序关系，更有利于分析带有时间序列特性的数据。

**3. 结合宏观与微观手段对商住建筑碳排放进行监测与分析**

从书中的实验结果可以看出，卫星遥感图像数据的精度依然不足。因为遥感卫星图像中一个像素点覆盖了太大的面积，对于宏观层面分析一个国家或者省份的碳排放已经足够，但对于微观分析单个商住建筑的碳排放走势显得不够精确。例如，某二线城市碳排放水平与一线城市相当，但实际可能是二线城市的某几个商住建筑或工业建筑的巨额碳排放拉高了该地的碳排放水平，仅使用卫星遥感数据很难分析出其中的区别。因此，需要结合宏观与微观手段对商住建筑碳排放进行监测与分析，其中先使用宏观的遥感卫星数据分析该地区整体的碳排放趋势，然后再利用智能传感设备进行微观的定点监测，使更加全面且准确地获得具体的商住建筑碳排放情况。

**4. 改进碳排放水平的分级算法**

考虑到算法的时间成本和聚类性能，书中采用了 k-Means 算法进行我国县级碳排放水平的分级。虽然该算法已经满足后续对各类地区节能减排策略制定的分析需求，但聚类效果图显示，某些像素点的类别不准确。这是由于中国各地区碳排放水平差距极大，使用简单的聚类算法难以正确地区分。同时，遥感图像数据量极大，如果使用计算复杂度较高的算法会带来过高的时间成本。因此，未来可以考虑使用 Transformer 类结构压缩编码遥感数据并降低其数据量，再利用深度神经网络强大的性能进行特征提取和聚类，以提高聚类的准确性。

**5. 完善不同碳排放水平地区的节能减排策略**

现有的减排策略制定依赖于卫星遥感图像对地区碳排放水平的估计，缺少实际数据的支撑。因此，可结合当前的智慧城市等项目，利用传感器设备采集微观的环境数据，实时监测并获取准确的碳排放信息，以观察减排策略的成效，并根据这些反馈对策略调整与改进。

# 参考文献


[1] Sutton-Grier A E, Moore A. Leveraging carbon services of coastal ecosystems for habitat protection and restoration[J]. Coastal Management, 2016, 44(3): 259-277.

[2] Torres D, Toro N, Gálvez E, et al. Temporal Variography for the Evaluation of Atmospheric Carbon Dioxide Monitoring[J]. IEEE Journal of Selected Topics in Applied Earth Observations and Remote Sensing, 2021, 15: 80-88.

[3] Zhongming Z, Linong L, Xiaona Y, et al. 2020 was one of three warmest years on record[J]. Glob S&T Dev Trend Anal Platf Resour Environ, 2021, 24:72-74.

[4] Sweijd N, Zaitchik B F. The 2020 WMO Symposium on Climatological, Meteorological and Environmental factors in the COVID-19 pandemic: A special issue from symposium presentations[J]. One Health, 2021, 12: 100243.

[5] 孙颖.人类活动对气候系统的影响——解读IPCC第六次评估报告第一工作组报告第三章[J].大气科学学报,2021,44(05):654-657. DOI:10.13878/j.cnki.dqkxxb.20210816009.

[6] Bond T C, Sun H. Can reducing black carbon emissions counteract global warming? [J]. Environmental Science & Technology, 2005, 39(16): 5921-6.

[7] Fang J Y, Zhu J L, Wang S P, et al. Global warming, human-induced car-

bon emissions, and their uncertainties[J]. Science China Earth Sciences, 2011, 54: 1458-1468.

[8] Galdos M, Cavalett O, Seabra J E A, et al. Trends in global warming and human health impacts related to Brazilian sugarcane ethanol production considering black carbon emissions[J]. Applied Energy, 2013, 104: 576-582.

[9] Frölicher T L, Paynter D J. Extending the relationship between global warming and cumulative carbon emissions to multi-millennial timescales[J]. Environmental Research Letters, 2015, 10(7): 075002.

[10] 黄向岚,张训常,刘晔.我国碳交易政策实现环境红利了吗?[J].经济评论,2018(06):86-99. DOI:10.19361/j.er.2018.06.07.

[11] 史谐汇.坚决贯彻落实中央经济工作会议提出的“做好碳达峰、碳中和工作”[J].上海节能,2020(12):1370.

[12] 经济日报评论员.通盘谋划稳步推进碳达峰碳中和 论贯彻落实中央经济工作会议精神[J].经济,2022(01):38-39.

[13] 卢露.碳中和背景下完善我国碳排放核算体系的思考[J].西南金融,2021(12):15-27.

[14] 巴里·诺顿.探寻中国改革之路:结构调整和市场化改革[J].经济学动态,2019(06):19-20.

[15] 王华东,马汇岭.河北省新型城镇化发展研究[J].乡村振兴,2021(10):94-95.

[16] 郑思齐,霍燚,曹静.中国城市居住碳排放的弹性估计与城市间差异性研究[J].经济问题探索,2011(09):124-130.

[17] 宋海云,白雪秋.金砖国家城镇化发展对碳排放影响的比较研究[J].经济问题探索,2016(09):46-52.

[18] Liddle B, Lung S. Age-structure, urbanization, and climate change in developed countries: revisiting STIRPAT for disaggregated population and consumption-related environmental impacts[J]. Population and Environment, 2010, 31: 317-343.

[19] 王星.城市化对碳排放影响的区域分异性研究[D].兰州:兰州大学[2023-06-08]. DOI:CNKI:CDMD:1.1019.809774.

[20] 王睿,张赫,强文丽,等.基于城镇化的中国县级城市碳排放空间分布特征及影响因素[J].地理科学进展,2021,40(12):12. DOI:10.18306/dlkxjz.2021.12.002.

[21] Fu Y, Sun W, Zhao Y, et al. Exploring spatiotemporal variation characteristics of China's industrial carbon emissions on the basis of multi-source data[J]. Environmental Science and Pollution Research, 2021, 28: 41016-41028.

[22] 李迎春,林而达,甄晓林.农业温室气体清单方法研究最新进展[J].地球科学进展,2007(10):1076-1080.

[23] Sutton R T. ESD Ideas: a simple proposal to improve the contribution of IPCC WGI to the assessment and communication of climate change risks [J]. Earth System Dynamics, 2018, 9(4): 1155-1158.

[24] Girardello M, Santangeli A, Mori E, et al. Global synergies and trade-offs between multiple dimensions of biodiversity and ecosystem services[J]. Scientific Reports, 2019, 9(1): 1-8.

[25] Kim S K, Bennett M M, van Gevelt T, et al. Urban agglomeration worsens spatial disparities in climate adaptation[J]. Scientific reports, 2021, 11(1): 8446.

[26] 2050中国能源和碳排放研究课题组.2050中国能源和碳排放报告[M].科学出版社,2009.

[27] Eggleston H S, Buendia L, Miwa K, et al. 2006 IPCC guidelines for national greenhouse gas inventories[J]. 2006.

[28] Leontief W. Environmental repercussions and the economic structure: an input-output approach[J]. The review of economics and statistics, 1970: 262-271.

[29] Lave L, Hendrickson C, Horvath A, et al. Economic input-output models for environment life-cycle assessment[J]. Environ. Sci. Technol, 2002, 32 (184): e191.

[30] Popescu V D, Munshaw R G, Shackelford N, et al. Quantifying biodiversity trade-offs in the face of widespread renewable and unconventional energy development[J]. Scientific reports, 2020, 10(1): 7603.

[31] Terlouw T, Bauer C, Rosa L, et al. Life cycle assessment of carbon dioxide removal technologies: a critical review[J]. Energy & Environmental Science, 2021, 14(4): 1701-1721.

[32] Huo T, Li X, Cai W, et al. Exploring the impact of urbanization on urban building carbon emissions in China: Evidence from a provincial panel data model[J]. Sustainable Cities and Society, 2020, 56: 102068.

[33] 杨秀，魏庆芃，江亿．建筑能耗统计方法探讨[J]．建筑节能，2007．DOI：JournalArticle/5aea2052c095d713d8a22cb1．

[34] 清华大学建筑节能研究中心．中国建筑节能年度发展研究报告[M]．北京：中国建筑工业出版社，2016．

[35] 秦贝贝．中国建筑能耗计算方法研究[D]．重庆：重庆大学，2014．

[36] 王瑶．国内外土地利用碳排放研究进展与挑战——基于 CiteSpace 知识图谱分析[J]．上海房地，2022(03)：31-33．DOI：10．13997/j．cnki．cn31-1188/f．2022．03．010．

[37] 邹首民．环境统计概论[M]．北京：中国环境科学出版社，2001．

[38] 郭义强，郑景云，葛全胜．一次能源消费导致的二氧化碳排放量变化[J]．地理研究，2010，29(06)：1027-1036．

[39] 范宏武．上海市民用建筑二氧化碳排放量计算方法研究[C]//中国城市科学研究会，中国建筑节能协会，中国绿色建筑与节能专业委员会．第 8 届国际绿色建筑与建筑节能大会论文集．[出版者不详]，2012：995-999．

[40] Council U S G B. Leadership in energy and environmental design[J]. US Green Building Council (USGBC), www. usgbc. org/LEED, 2008.

[41] Courtney R. Building Research Establishment past, present and future[J]. BuildingResearch & Information, 1997, 25(5): 285-291.

[42] 鞠颖，陈易．建筑运营阶段的碳排放计算——基于碳排放因子的排放系数法研究[J]．四川建筑科学研究，2015，41(03)：175-179．

[43] Zhang Y, Yan D, Hu S, et al. Modelling of energy consumption and carbon emission from the building construction sector in China, a process-based LCA approach[J]. Energy Policy, 2019, 134: 110949.

[44] 汪涛．建筑生命周期温室气体减排政策分析方法及应用[D]．北京：清华大学，2012．

[45] Ochoa L, Hendrickson C, Matthews H S. Economic input-output life-cycle assessment of US residential buildings[J]. Journal of infrastructure systems, 2002, 8(4): 132-138.

[46] 王晨杨．长三角地区办公建筑全生命周期碳排放研究[D]．南京：东南大学，2016．

[47] File M. Commercial buildings energy consumption survey (CBECS)[J]. US Department of Energy: Washington, DC, USA, 2015.

[48] Kinney S, Piette M A. Development of a California commercial building

benchmarking database[J]. Office of scientific & technical information technical reports, 2002. DOI:http://dx. doi. org/.

[49] Martínez-Rocamora A, Solís-Guzmán J, Marrero M. LCA databases focused on construction materials: A review[J]. Renewable and Sustainable Energy Reviews, 2016, 58: 565-573.

[50] Stek E, DeLong D, McDonnell T, et al. Life cycle assessment using ATHENA impact estimator for buildings: A case study[C] //Structures Congress 2011. 2011: 483-494.

[51] 彭渤. 绿色建筑全生命周期能耗及二氧化碳排放案例研究[D]. 北京:清华大学,2012.

[52] Liu Z, Ciais P, Deng Z, et al. Carbon Monitor, a near-real-time daily dataset of global CO2 emission from fossil fuel and cement production[J]. Scientific data, 2020, 7(1): 392.

[53] 李昕,肖思瑶,周俊涛. 我国碳排放数据整合与应用的国际比较[J]. 金融市场研究,2022(01):52-61.

[54] 舟丹. 全球七大碳排放数据库[J]. 中外能源,2022,27(01):55.

[55] 刘毅,王婧,车轲,蔡兆男,等. 温室气体的卫星遥感——进展与趋势[J]. 遥感学报,2021,25(01):53-64.

[56] Buchwitz M, Schneising O, Burrows J P, et al. First direct observation of the atmospheric CO2 year-to-year increase from space[J]. Atmospheric Chemistry and Physics, 2007, 7(16): 4249-4256.

[57] 张仁华,孙晓敏,朱治林,等. 遥感区域地表植被二氧化碳通量的机理及其应用[J]. 中国科学(D 辑:地球科学),2000(02):215-224+226.

[58] 刘娣,何仁德. 遥感技术在碳排放补偿机制研究中的应用[J]. 城市建设理论研究:电子版, 2016(15):3. DOI:10. 3969/j. issn. 2095-2104. 2016. 15. 635.

[59] 何茜,余涛,程天海,等. 大气二氧化碳遥感反演精度检验及时空特征分析[J]. 地球信息科学学报,2012,14(02):250-257.

[60] 张航,郑玉权,王文全,等. 基于遥感监测的高光谱分辨率与高信噪比光谱探测技术[C] //中科院长春光机所,《光学精密工程》编辑部. 2015 光学精密工程论坛论文集. 科技出版社(SCIENCE PRESS),2015:240-249.

[61] Hammerling D M, Michalak A M, Kawa S R. Mapping of CO2 at high spatiotemporalresolution using satellite observations: Global distributions from OCO-2[J]. Journal of Geophysical Research: Atmospheres, 2012, 117(D6).

[62] 中科网.碳卫星成功获取首组观测数据[J].科学家，2017，5(2):1.

[63] Shi H，Li Z，Ye H，et al. First level 1 product results of the greenhouse gas monitoring instrument on the GaoFen-5 satellite[J]. IEEE Transactions on Geoscience and Remote Sensing，2020，59(2)：899-914.

[64] 曹代勇，杨光，豆旭谦，等.基于遥感技术的内蒙古乌达煤田火区碳排放计算[J].煤炭学报，2014，39(12):6. DOI:10.13225/j.cnki.jccs.2013.1840.

[65] 王莉雯，卫亚星. 碳排放气体浓度遥感监测研究[J]. 光谱学与光谱分析，2012，32(06)：1639-1643.

[66] 牛亚文，赵先超，胡艺觉.基于 NPP-VIIRS 夜间灯光的长株潭地区县域土地利用碳排放空间分异研究[J].环境科学学报，2021，41(09):3847-3856. DOI:10.13671/j.hjkxxb.2021.0281.

[67] 李峰，刘军，刘文龙，等.京津冀县域夜间灯光数据碳排放时空动态分析[J].信阳师范学院学报(自然科学版)，2021，34(02):230-236.

[68] 赵先超，彭竞霄，胡艺觉，等.基于夜间灯光数据的湖南省县域碳排放时空格局及影响因素研究[J].生态科学，2022，41(01):91-99. DOI:10.14108/j.cnki.1008-8873.2022.01.011.

[69] 程良晓，陶金花，余超，等.高分五号大气痕量气体差分吸收光谱仪对流层NO_2柱浓度遥感反演研究[J].遥感学报，2021，25(11):2313-2325.

[70] 崔月菊，杜建国，荆凤，等.汶川和芦山地震相关的 CH4 和 CO 异常[J].国际地震动态，2018(08):3-4.

[71] 季雨平，邓小波，黄启宏，等.基于卫星数据的西南地区大气 CO 时空分布特征的分析[J].成都信息工程大学学报，2020，35(06):616-620. DOI:10.16836/j.cnki.jcuit.2020.06.006.

[72] Inoue M，Morino I，Uchino O，et al. Bias corrections of GOSAT SWIR XCO 2 and XCH 4 with TCCON data and their evaluation using aircraft measurement data[J]. Atmospheric Measurement Techniques，2016，9(8)：3491-3512.

[73] O'dell C W，Eldering A，Wennberg P O，et al. Improved retrievals of carbon dioxide from Orbiting Carbon Observatory-2 with the version 8 ACOS algorithm[J]. Atmospheric Measurement Techniques，2018，11(12)：6539-6576.

[74] Reuter M，Buchwitz M，Schneising O，et al. A fast atmospheric trace gas retrieval for hyperspectral instruments approximating multiple scattering—

Part 1：Radiative transfer and a potential OCO-2 XCO2 retrieval setup[J]. Remote Sensing，2017，9(11)：1159.

[75] Reuter M，Buchwitz M，Schneising O，et al. A fast atmospheric trace gas retrieval for hyperspectral instruments approximating multiple scattering—Part 2：Application to XCO2 retrievals from OCO-2[J]. Remote Sensing，2017，9(11)：1102.

[76] Wu L，Aben I，Hasekamp O P. Product User Guide and Specification (PUGS)-ANNEX B for products CO2_GOS_SRFP，CH4_GOS_SRFP (v2.3.8，2009-2018)[J]. 2019.

[77] Zhao L，Chen S，Xue Y，et al. Study of Atmospheric Carbon Dioxide Retrieval Method Based on Normalized Sensitivity[J]. Remote Sensing，2022，14(5)：1106.

[78] Yang D，Liu Y，Cai Z，et al. First global carbon dioxide maps produced from TanSat measurements[J]. 2018.

[79] Liu Y，Wang J，Yao L，et al. The TanSat mission：preliminary global observations[J]. Science Bulletin，2018，63(18)：1200-1207.

[80] 李勤勤. 大气 CO2 卫星遥感反演算法与软件实现[D]. 合肥：中国科学技术大学，2020. DOI：10.27517/d.cnki.gzkju.2020.001578.

[81] 刘毅，王婧，车轲，等. 温室气体的卫星遥感——进展与趋势[J]. 遥感学报，2021，25(01)：53-64.

[82] 黄昌春，姚凌，李俊生，等. 湖泊碳循环研究中遥感技术的机遇与挑战[J]. 遥感学报，2022，26(01)：49-67.

[83] 陈良富，张莹，邹铭敏，等. 大气 CO2 浓度卫星遥感进展[J]. 遥感学报，2015，19(1)：11. DOI：10.11834/jrs.20153331.

[84] Rodgers C D. Retrieval of atmospheric temperature and composition from remote measurements of thermal radiation[J]. Reviews of Geophysics，1976，14(4)：609-624.

[85] Yoshida Y，Ota Y，Eguchi N，et al. Retrieval algorithm for CO2 and CH4 column abundances from short-wavelength infrared spectral observations by the Greenhouse gases observing satellite[J]. Atmospheric Measurement Techniques，2011，4(4)：717-734.

[86] Platt U，Perner D，Pätz H W. Simultaneous measurement of atmospheric CH2O，O3，and NO2 by differential optical absorption[J]. Journal of Geo-

physical Research: Oceans, 1979, 84(C10): 6329-6335.

[87] Buchwitz M, Rozanov V V, Burrows J P. A near-infrared optimized DOAS method for the fast global retrieval of atmospheric CH4, CO, CO2, H2O, and N2O total column amounts from SCIAMACHY Envisat-1 nadir radiances[J]. Journal of Geophysical Research: Atmospheres, 2000, 105(D12): 15231-15245.

[88] Buchwitz M, De Beek R, Noel S, et al. Carbon monoxide, methane and carbon dioxide over China retrieved from SCIAMACHY/ENVISAT by WFMDOAS[J]. Esa Sp. Publ, 2006, 611: 159-165.

[89] Schneising O, Buchwitz M, Reuter M, et al. Long-term analysis of carbon dioxide and methane column-averaged mole fractions retrieved from SCIAMACHY[J]. Atmospheric Chemistry and Physics, 2011, 11(6): 2863-2880.

[90] Oshchepkov S, Bril A, Yokota T. PPDF-based method to account for atmospheric light scattering in observations of carbon dioxide from space[J]. Journal of Geophysical Research: Atmospheres, 2008, 113(D23).

[91] Bennartz R, Preusker R. Representation of the photon pathlength distribution in a cloudy atmosphere using finite elements[J]. Journal of Quantitative Spectroscopy and Radiative Transfer, 2006, 98(2): 202-219.

[92] 段四波,茹晨,李召良,等. Landsat 卫星热红外数据地表温度遥感反演研究进展[J]. 遥感学报,2021,25(08):1591-1617.

[93] Box G E P, Jenkins G M, Reinsel G C, et al. Time series analysis: forecasting andcontrol[M]. John Wiley & Sons, 2015.

[94] Hillmer S C, Tiao G C. An ARIMA-model-based approach to seasonal adjustment[J]. Journal of the American Statistical Association, 1982, 77(377): 63-70.

[95] 赵国顺. 基于时间序列分析的股票价格趋势预测研究[D]. 厦门:厦门大学,2009.

[96] Awad M, Khanna R, Awad M, et al. Support vector regression[J]. Efficient learning machines: Theories, concepts, and applications for engineers and system designers, 2015: 67-80.

[97] 高英博. 基于机器学习的建筑能耗预测方法研究[D]. 北京:北京建筑大学,2020. DOI:10. 26943/d. cnki. gbjzc. 2020. 000220.

[98] L. Jain, L. Medsker. Recurrent neural networks: design and applications [M]. CRC press, 1999.

[99] Zaremba W, Sutskever I, Vinyals O. Recurrent neural network regularization[J]. arXiv preprint arXiv:1409.2329, 2014.

[100] Hochreiter S, Schmidhuber J. Long short-term memory[J]. Neural computation, 1997, 9(8): 1735-1780.

[101] 孙瑞奇. 基于LSTM神经网络的美股股指价格趋势预测模型的研究[D]. 北京:首都经济贸易大学,2016.

[102] Li S, Jin X, Xuan Y, et al. Enhancing the locality and breaking the memory bottleneck of transformer on time series forecasting[J]. Advances in neural information processing systems, 2019, 32.

[103] He K, Zhang X, Ren S, et al. Deep residual learning for image recognition [C] //Proceedings of the IEEE conference on computer vision and pattern recognition. 2016: 770-778.

[104] Woo S, Park J, Lee J Y, et al. Cbam: Convolutional block attention module[C] //Proceedings of the European conference on computer vision (ECCV). 2018: 3-19.

[105] 陈四清. 基于遥感和GIS的内蒙古锡林河流域土地利用/土地覆盖变化和碳循环研究[D]. 北京:中国科学院研究生院(遥感应用研究所),2002.

[106] 方精云,朴世龙,刘鸿雁,等. 中国陆地植被碳汇估算:整合观测数据及遥感信息[C] //中国生态学会. 生态学与全面·协调·可持续发展——中国生态学会第七届全国会员代表大会论文摘要荟萃. [出版者不详] ,2004: 24-25.

[107] 刘宇霞. 植被物候变化遥感反演及生态系统碳循环作用机理[D]. 北京:中国科学院大学(中国科学院遥感与数字地球研究所),2017.

[108] Dong J, Kaufmann R K, Myneni R B, et al. Remote sensing estimates of boreal and temperate forest woody biomass: carbon pools, sources, and sinks[J]. Remote sensing of Environment, 2003, 84(3): 393-410.

[109] Patenaude G, Hill R A, Milne R, et al. Quantifying forest above ground carbon content using LiDAR remote sensing[J]. Remote sensing of environment, 2004, 93(3): 368-380.

[110] Goetz S, Dubayah R. Advances in remote sensing technology and implications for measuring and monitoring forest carbon stocks and change[J].

Carbon Management，2011，2(3)：231-244.

[111] 于博，杨旭，吴相利. 哈长城市群县域碳排放空间溢出效应及影响因素研究——基于NPP-VIIRS夜间灯光数据的实证[J]. 环境科学学报，2020，40(2)：10. DOI：CNKI：SUN：HJXX. 0. 2020-02-036.

[112] 杜海波，魏伟，张学渊，等. 黄河流域能源消费碳排放时空格局演变及影响因素——基于DMSP/OLS与NPP/VIIRS夜间灯光数据[J]. 地理研究，2021，40(07)：2051-2065.

[113] 平新乔，郑梦圆，曹和平. 中国碳排放强度变化趋势与"十四五"时期碳减排政策优化[J]. 改革，2020(11)：37-52.

[114] 曹庆仁，周思羽. 中国碳减排政策对地区低碳竞争力的影响分析——基于省际面板数据的分析[J]. 生态经济，2020，36(11)：13-17+24.

[115] 李锴，齐绍洲. 碳减排政策与工业结构低碳升级[J]. 暨南学报(哲学社会科学版)，2020，42(12)：102-116.

[116] 王保乾，徐睿. 科技创新促进碳减排系统效率评价及其影响因素[J]. 工业技术经济，2022，41(5)：7.

[117] 兰洲，蒋晨威，谷纪亭，等. 促进可再生能源发电消纳和碳减排的数据中心优化调度与需求响应策略[J]. 电力建设，2022：23-27.

[118] 佘群芝，李雪平. 气候减缓援助、气候政策与受援国碳排放[J]. 统计与决策，2022，38(07)：156-160. DOI：10. 13546/j. cnki. tjyjc. 2022. 07. 031.

[119] 宋挺，段峥，刘军志，等. 基于Landsat 8数据和劈窗算法的地表温度反演及城市热岛效应研究[J]. 环境监控与预警，2014，6(05)：4-14.